U0625476

# 点亮心中的那盏灯

周岚 著

中国广播影视出版社

图书在版编目（CIP）数据

点亮心中的那盏灯 / 周岚著 . -- 北京 : 中国广播
影视出版社 , 2024. 9. -- ISBN 978-7-5043-9252-7

Ⅰ . B84-49

中国国家版本馆 CIP 数据核字第 2024LP2794 号

**点亮心中的那盏灯**

周岚　著

| | | |
|---|---|---|
| 出 版 人 | 纪宏巍 | |
| 图书策划 | 王　萱 | |
| 责任编辑 | 王　萱 | |
| 责任校对 | 张　哲 | |
| 封面设计 | 马　佳 | |

出版发行　中国广播影视出版社

电　　话　010-86093580　010-86093583

社　　址　北京市西城区真武庙二条 9 号

邮　　编　100045

网　　址　www.crtp.com.cn

电子信箱　crtp8@sina.com

经　　销　全国各地新华书店

印　　刷　三河市龙大印装有限公司

开　　本　710 毫米 ×1000 毫米　1/16

字　　数　203（千）字

印　　张　14.5

版　　次　2024 年 9 月第 1 版　2024 年 9 月第 1 次印刷

书　　号　ISBN 978-7-5043-9252-7

定　　价　78.00 元

（版权所有　翻印必究·印装有误　负责调换）

# 目 录

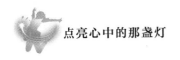

# 推荐语：在艺海中拾贝的舞者

## 萧 加

年轻舞者周岚，大学舞蹈学专业毕业后，通过自己十多年的艺术实践与教学，摸索少儿舞蹈的教学理论、舞蹈教育工作者的自身修养……如同她研究印度舞，就专程赴印度拜师学艺；她教授少儿舞蹈课程，就研究少儿的心理与艺术思维过程……她撰写的这部专著，是对舞蹈理论与教学成果的深度思考和智慧结晶，使我感到十分意外。

记得我在德国留学时，隔壁住着一位舞蹈专业的学生。有一次，她竟来问我中国戏曲中甩袖的动作，我很好奇。

她说毕业论文谈到现代舞与中国的戏曲，我真的感到很意外。过后，她还邀我去排练厅看她的水袖与现代舞结合的动作。

我看她舞蹈，如坐针毡，她对中国戏曲的了解程度，真使我汗颜。她还告诉我舞蹈是她的第二专业，她原来是学工科的。一位舞者，知识结构之完善，对舞蹈艺术的思维想象能力之丰富，令我十分感慨。

世界现代舞的奠基人——伟大的舞蹈家邓肯，将她的舞蹈思想与舞蹈实践都记录在她的著作《邓肯自传》中，邓肯的著作已载入世界文库之中，被称为自传体的舞蹈理论著作。

邓肯成为舞蹈艺术巅峰一颗璀璨的明珠，得益于她对社会与艺术具有

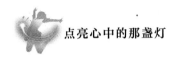
深刻的理解，自身所具有的深厚而扎实的知识结构。她的艺术人格与生活人格得到了统一，达到了一位艺术家的最高境界。

我不知周岚是否看过类似《邓肯自传》这种既励志又在阐述舞蹈理论的书籍。但从邓肯的著作中，是可以寻到她攀登舞蹈艺术高峰的足迹的。本书著者周岚比较系统地阐述了她对少儿的舞蹈教育，以及对舞蹈教育工作者自身修养的思想。

这部著作是一位年轻舞者（舞蹈老师），对舞蹈艺术实践与理论深入探索的丰硕成果。

（作者系中国现代雕塑开拓者，中国美术学院教授，人民英雄纪念碑浮雕创作人之一——萧传玖之子，中国著名舞台艺术家、导演及摄影艺术家）

绪　论

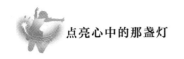 

也许你并不知道，在众多的艺术门类中，舞蹈和心理学的关系最为接近。这是因为舞蹈艺术的载体是身体本身，而身体的动作则是人类心理的延伸。因此，我们可以得出：心理控制着身体的动作、情感的流露、思绪的放飞。那又是什么在控制着舞蹈动作呢？其实就是人类的所思、所想、所感。

舞蹈是通过身体和心理之间的协调来展示人的审美情感和理想的，身体只是舞蹈的外在表现形式，是物质载体，心理才是赋予舞蹈真正内涵的重要核心，舞蹈艺术源于生活而又高于生活，同时，舞蹈艺术又是远不同于其他门类的艺术形式。舞蹈作品应该是具有完整的艺术感觉、丰富的艺术想象、强烈的艺术情感、典型的艺术气质和完美的艺术人格的艺术表现形式。

积极心理学是致力于让普通人的生活变得更美好，它关心的是如何培养并提升每一个人的积极心态，如何帮助每一个人获得积极、正向的力量，以及如何在生活中找到更深层次的幸福感。积极心理学能够帮助人在各个领域的学习和生活中形成一种积极、正向的心理，并增强他们的适应能力。应用在舞蹈教学当中，自然也是如虎添翼。

第一次接触到积极心理学是我还在攻读应用心理学硕士课程时，它是其中一门课程。学习后，我才发现这就是我一直追求和渴望在舞蹈教学中实现的目标。如今我已经在攻读心理学博士学位，从一名一线儿童舞蹈老师跨界到心理学领域。在这个过程中，受到了很多人的质疑和不解。为何好好的舞蹈艺术不研究，偏偏要研究心理学？舞蹈老师懂那么多心理学知识真的有必要吗？诸如此类的问题一直萦绕在耳边。

当然，我特别能够理解他们的质疑。这来源于大众对舞蹈或者艺术从业者的刻板印象——大部分人还停留在搞艺术不需要深厚的知识体系和学术理论的认知阶段，很难将艺术老师和学术成就画上等号。但事实上，我认识很多著名舞蹈家、艺术家都在自己的领域中不断进行探索和创新。

我始终认为，作为一名舞蹈老师，培养出几个走专业道路的学生固然可以视作业务能力的体现，但这就能诠释"老师"二字了吗？老师，还是先要把人教成"人"，让他们知道"人"的真正含义，才能促使其成为"人才"。作为一名舞蹈老师，教学理念首先就是用心做教育，用专业做舞蹈。心为先，而后"高""精""尖"。那么，"心"从何而来呢？"心"还是要从心理学中寻找真正的含义。

将积极心理学融入舞蹈的课程当中，一方面是为了帮助学生提升乐观积极的情绪，通过一些延迟性的满足，增强他们的意志力；另一方面，也可以帮助学生建立更有意义的社会关系。一个舞蹈课堂也是一个小小的社会，是一个需要凝聚力的集体，如果能在其中找到更深层次的满足感，就能帮助学生提高学习能力和学艺成果。在学习的过程中，学生能够具备这些积极、正向的情绪和心理，就更有可能获得积极、正向的人生，因为在面对那些无法规避的逆境时，他们已经具备能力去克服重重困难。从这个角度出发，让积极心理学走进舞蹈机构，呈现在课程之中，便是当前中国教育美育课程建设的当务之急。

那么，作为教育工作者的我们，该如何让学生学会利用自身的积极力量在学习和生活中去勇于拼搏、永不言弃，或者是该如何教育学生把积极的力量用在维护友谊和服务社会中呢？

舞蹈老师应该与时俱进，摒弃那些存在缺陷的旧式舞蹈教育的模式，将自己的关注点从学生所犯的错误和所谓的劣势转移到学生的积极优势上。相信每一个学生其实没有真正意义上的缺点，只是特点不同。把积极心理学带入课堂，融入教学，同时要遵循科学的舞蹈学习的神经机制，就可以帮助学生在学习上取得更

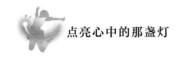

多的成就，因为积极心理学本身就具备让学生提升并最终实现幸福的积极力量。

不论是户外演出、与朋友分享比赛成果和收获、在教室中进行规范化训练，还是全身心地投入舞蹈表演，这些活动都能够获得很丰富的积极体验，能帮助学生去感悟人生的美好真谛。如果将积极心理学带到课堂上，那么，舞蹈老师想要取得的教学效果就不再是学生能完成几个高难度动作，几岁能完成下腰……而是将重点放在促进学生的积极力量，让他们提升对教学活动的参与度、配合度，从而让他们学会如何调节自己的情绪，化解消极情绪，调动积极情绪，获得更多的积极的人际关系，增加他们对他人和自身的积极关注度，还有很重要的一点——增强自信心。增强自信是将积极心理学融入舞蹈课堂的成果之一。

不过，老师在教学过程中不可忽视培养学生的勇气，这份勇气在他们的学习过程中十分重要，毕竟任何人都有可能面临困难、挑战和风险。比如，在学习初期，学生都有想要做到最好的心理，渴望获得成功。然而，这种心理一旦超过了一个"度"，就有可能让学生因为失败而不自信，缺乏安全感，进而凸显出他们内心深处的脆弱与无助。在学习舞蹈和表演舞蹈时，他们有可能会感到尴尬或有被拒绝的风险；同时，老师在课堂上无意中显露出的或焦虑或烦躁的状态也会影响学生，让学生同样产生焦虑和胆怯的情绪，故而难以达到最佳状态。

随着积极心理学在学术领域的蓬勃发展，更多老师都意识到，应该把情绪和思维相结合，并以此为依据指导学生的行为。因为他们确信，学生们通过教育，已经具备了自我监督和自我管理的能力。他们会在老师的积极教学过程中认识到，愤怒有时并不是坏事的起源和导火索，而是不懂得控制情绪的结果。如何更好地识别、管理这些情绪，并促进行动更加有成效呢？举个例子，某个学生觉得自己被老师忽视了，他很愤怒，并因此产生了消极情绪，甚至影响了周围的其他同学。但如果这位学生接触过积极心理学，便会进行自我调节："虽然老师没有及时回应我，让我感觉很不好，但我不会做任何破坏课堂的事，不会让同学受到影响，我可以做得更好一些，让老师看到我，或者直接去找老师，询问自己的表现是否合格。"

在教学过程中，一线老师如果能够有意识地利用积极心理学的基础理论，辅导学生如何用积极的情绪代替消极的情绪，继而用有效的方法训练他们学会管理各种情绪。学生通过学习，掌握用"共情"去思考同伴或老师的感受，想人之所想，感人之所感。遇到苦恼产生消极情绪时，能够积极地调动舞蹈学习中的美好回忆，而不是稍微遇到困难就退缩，跳得没别人好就放弃。

什么是积极心理学呢？它是以观察情绪为起点，以个人能够自主控制情绪为终点，运用科学的方法，倡导心理学的积极取向，以研究人类的积极心理、关注心理健康与和谐发展为主要方向。

如果舞蹈老师能够掌握积极心理学的有效策略，那么，就能在舞蹈课程中利用积极心理学的理念进行教学设计，哪怕每节课只花费5—10分钟，就能达到让学生增强自我意识、自我认知、自我调节、自我激励、自我指导和自我克制的效果。积极心理学就是充分调动学生的积极情绪，并利用这种情绪去实现他们的积极结果，帮助他们学会消化消极情绪，调动积极情绪。自此之后，他们就会发现，学习舞蹈的过程绝非枯燥乏味、疼痛难忍，而是可控的，且充满了乐趣与成就的。这也就是将积极心理学纳入舞蹈一线教学的真正意义。

当学生将积极心理学作为一种常规的学习心态之后有什么变化呢？最显著的变化便是他们开始用新的方式讲述学习舞蹈的经历，如他们的感受，他们是否觉得困难，他们是否获得学习成果，以及他们收获成功时的喜悦心情。

"学习舞蹈让我认识了很多志同道合的朋友，我很开心。"

"学会了这个舞蹈特别有成就感，一定要继续努力，学习更多的舞蹈动作。"

"每次老师对我投来赞赏的眼光，说出肯定的话时，我都很高兴，尽管我还不是最好的，但老师很肯定我的付出。"

"学习舞蹈动作虽然特别累，但今天又学会了几个新的动作，还做得有模有样，明天一定会更好！"

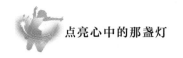 

如果在一线教学的舞蹈老师愿意花几分钟、几个小时、几天或几周时间，坚持将积极心理学的内容融入课堂教学中，不仅对舞蹈教学有利，也会对学生学习的投入程度、生活情绪等方面产生积极的影响。因此让老师掌握积极心理学，能更好地服务于舞蹈教学。

当然，我们都是从学生时代走过来的，每个人都无比渴望能够得到老师的肯定和赞许，从老师这里接收的都是积极能量，自然也会受学生的认可和爱戴。无论是在哪一所学校或教育机构，这样的老师越多，就越能做大做强。如果你和我一样，希望自身能力得到提升，建构积极教育的方向和桥梁，那么，这本书不容错过。

# 1

## 第一章
## 各美其美（积极投入）

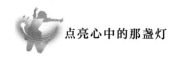 

# 01 了解积极心理学在教育中的必要性

曾经有研究人员统计过，一个学生平均每年在教室里会度过 1602 个小时，包括教学时间、课间休息和午休时间。可以说，学生时代中，除了家，教室就是他们待的时间最长的地方。然而，有另一项研究也显示，学生对上学的意愿非常低，仅略高于看牙医，最受学生欢迎的是去主题公园，比如游乐场、环球影城等。原因是什么呢？绝大多数学生的理由是，那里能让他们感到高兴。毕竟那些主题公园里能够通过景象和声音给游客提供感官神经的刺激并激发愉悦情绪。但是，主题公园的快乐终究是短暂的、易逝的。

如何能够让学生在学校里、课堂上得到长期的、有效的积极情绪呢？积极心理学的教育目标与之非常符合：以更长久的、令人满意的方式进行教学，使学生感到持久的而非短暂的，能够引导他们奋发向上的积极情绪、积极力量、人际关系和意义。

曾经有人做过这样一份问卷调查，询问老师对学生最大的期望是什么。令人意想不到的是，排在第一位的回答是"希望学生能够快乐成长"，接下来依次是"希望学生能够获得成功""希望学生取得好成绩"，等等。换言之，快乐成长和取得好成绩、获得成功是相辅相成的关系，如快乐这种正向情绪有助于学生取得好成绩，获得成功自然会有成就感，也就能够在学习的过程中找到快乐的根源。老师所要面临的真正挑战是：要如何定义所谓的成功？如何去引导学生正面看待成功带来的快乐和成就感？

在后面的章节中，我们也会提到快乐教育的真谛和矛盾，那么，成功的教育和快乐的学习究竟是什么呢？

## ▶ 积极心理学老师的工具箱：成功的学习

在了解成功的学习和教学之前，我们必须先厘清一个问题：什么是成功的学习？它是指学生能够在教室里按部就班地学习，还是指学生能够就问题进行自主的讨论呢？它是要满足外部规定的标准，还是指自身已经理解和消化的有意义的理念呢？它是指必须参加各种课程，还是指独自进行具有创造性的研究呢？它是指达到各个阶段的指标，还是指能够促进个人成长的能力呢？它是指必须掌握什么具体的专业知识，还是指学会控制情绪、充满力量、拥有和谐的人际关系呢？

积极心理学的教育目标准确地指出，所谓的成功并不仅仅是让学生学会什么具体的技能和知识，也包括他们所做的选择，克服的困难和完成事情的性质、范围、影响及意义。故而，学生要拥有相信自己可以获得成功的心态。

成功是学生尽最大的努力和付出后所获得的满足感，并不单指具体的成绩，即使存在着不完美和遗憾，也无法让努力的过程黯然失色。在学习的过程或生活的轨迹中，有更多成功经验的学生会变得知足、自信、坚忍、平和和快乐，也更懂得如何与他人合作。他们充满兴趣地努力学习，能够接受别人的意见，不轻言放弃，遇到问题也愿意花时间和精力去解决，而不是被动地接受老师"填鸭式"的教育。

有时，我觉得成就像是一份考卷，但是这份卷子上的答案往往是开放型的两面。有些当下看似学生错误的行为方式，但从不同的时间维度去看，多年后，也许正是此刻这样的行为促使着这个学生最后能够通往积极正面的人生之路。

拥有积极心理学知识的老师可以通过开展积极情绪、积极力量、人际联结和生命意义等方面的课程，帮助学生去理解该如何获得人生的成就、取得学业上的成功。可以说，在积极心理学中最重要的课程就是关于人生的。

老师可以通过将舞蹈和其他学科融会贯通，让学生学会积极面对人际交往、生命意义，从而达到教学目的。举个例子，我经常在课堂中朗读有意义的寓言故

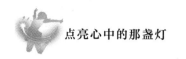

事，然后让学生相互讨论，这不仅能提升他们的语言表达能力，还能学会分享，甚至还能够举一反三，将寓言故事带入自己的人生成长历程中。我曾经在给小孩子教授和蝴蝶有关的舞蹈时，讲了一个关于"毛毛虫变为蝴蝶"的故事，在学习舞蹈动作的过程中，小孩好奇地问我："老师，毛毛虫想要变成漂亮的蝴蝶，最需要的是勇气吗？"我反问他答案，他想了想，说，"是，我也要变成漂亮的蝴蝶，我也要勇敢！"这个小孩年仅 5 岁，可在这个时候，他就懂得了勇气是一种非常重要的品质。

积极心理学融入教学，想要取得成功，老师应该把注意力更多地放在学生努力的整个过程，而不是去关注最终的成果。老师不能完全为了达到某个确定的标准去教导学生，而是应该侧重于向学生传授舞蹈动作以外的文化背景和更加深刻的内涵意义，起到发掘和提升的作用，让学生知道自己学到的是什么。那些标准的舞蹈动作，是学习的结果，是他们努力获得成功的过程中衍生的副产品而已，切勿本末倒置。

积极心理学融入教学的成就标准并不是简单说说而已，而是有一套标准的具体要求，对学生在各年级、各阶段应该掌握的技能水平有明确的标准。一般而言，这种标准设置得比较全面，将那些看起来比较宽泛的内容和范围都包含在内。比如，按照年级划分的 1 年级学生舞蹈标准（以中国舞蹈家协会中国舞考级教材3—4 级别内容标准为例），虽然对学习成就标准的讨论至今依旧没有定论，但是，这份舞蹈标准也依然是老师用来授课的基础，更是对老师和学生提出的具体要求。

用 1 年级的舞蹈教学举例说明，通常情况下，老师要求这个年级的学生必须了解相关舞蹈的文化知识，并让他们掌握对应的中国舞考级教材 3—4 级别的舞蹈动作。最后，以考试、考级的形式对学生所掌握的知识进行测验。

掌握积极心理学的老师可以采用不同的方法。在下文中，我会详细介绍一个参加比赛的班次，是如何通过"建立友谊"和"找到意义"作为基础的教育目标，主要做法是老师给学生指定舞伴（选择标准是老队员带新队员）。在这个过程中，作为搭档的学生之间可以互相帮助、互相指正不足之处；运用积极的力量，让他们找到学习的真正意义，借此完成个人的学业目标，并收获内心的成就感。运用这种方法的根据在于让学生通过与他人分享时，内心会产生更大的满足感。

在融入了积极心理学的课堂上，不仅不会降低教学内容的标准，还可能让学生产生一定的社会交际关系，遇到并结交志同道合的朋友，或是树立一个学习舞蹈的榜样。这对学习是能够起到积极作用的，有了榜样的力量，能够让学习事半功倍。不仅如此，老师还能通过有意义的方式充分了解学生，与他们分享学习心得，让学生在技能方面获得充足的信心；鼓励学生积极与他人合作，学会分享和交流并享受学习的乐趣。这样一来，每当他们完成一个舞蹈之后，就会获得满满的成就感。即使只完成了其中部分内容，并没有完成全部，但只要把这部分做好，他们也会感到满足和骄傲。老师应该转变心态，要充分认识到：学习成果是情感健康的副产品，而非唯一的追求。在这种宽松的、积极的环境下学习，学生要比在压抑、枯燥的学习环境中更容易获得提升和精进的空间。

如果能在所有课程中都加入积极心理学的理论知识，老师就会看到学生行为背后的本质，而不是一味地将舞蹈动作能够达到最高标准作为唯一评判，就会产生与之对应的智慧和经验，如果老师能够很好地借助积极心理学，便能够培养出学生的思维认知中的积极力量，如创造力和分析力，从而使他们能够更好地提高学习能力。同样，在此过程中，内在情感的积极力量，如学会感恩和懂得宽恕，这种能量也会得到积累。将积极心理学融入教学过程，不仅可以预测学生的主观幸福感，也是帮助他们取得成就感的先决条件。

那么，什么是最好的教育？其实并不是指一节课里能够教给学生多少理论知识和舞蹈动作，而是可以帮助他们在感到困惑时能够理清自己的思路，可以在他们遭遇挫折感到力不从心时给予其坚定的支持，可以在他们感到形单影只时勇敢参与到社交中去，可以在他们感到犹豫不决时让其做出不后悔的决定，让学生全身心地享受通过努力而获得的成就感。

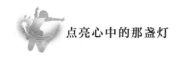 

看到这里，或许有些老师会心生顾虑，这样的教学就能达到优秀的教学质量、培养出成功的学生吗？将积极心理学融入教学过程，相当于改变了传统教学的教育目的，的确需要老师重新学习和适应，但这是必需的。

成功的积极心理学教育目标分类不仅是大脑中的智慧，更多的是从心灵出发达到真正的身心统合。我始终认为，舞蹈教学不能仅追求成绩，而是要体现在有没有能力帮助学生实现自己的目标和梦想，让学生的人生更有价值，辅助他们茁壮地成长。

积极心理学的教育目标分类标准让老师把自己的注意力从"学生做错了什么"转移到"学生做对了什么，且这种正确是否能够扩大到每位学生身上"。具体而言，老师不再关注学生到底做错了什么，应该如何去纠正他的错误，而是将注意力放在学生做对了什么上。这是教育本质上的改变。老师能够发掘出学生的优势和自身动力，并使其靠此获得发展，他们才能产生成就感，并勇敢挑战更有难度的学习任务。

积极心理学的分类标准的重点主要是：要构建学生的意志力和调节能力，即使面对艰巨的任务和高难度的挑战，他们也依然会勇往直前，勇于接受挑战，并享受努力的全过程。在这个过程中，学生会获得很高的自我效能感、永不言弃的顽强精神，以及获得成功后的满足感，这些都能够帮助他们在逆境中重新找到动力、坚定决心。由此看来，衡量积极心理学的教育目标分类基准的标准也应当确立为：学生们是否能树立一个目标，并朝着它进行有计划的努力，最后达成目标，即便没有完全成功也可以做到泰然处之，坦然接受失败并从中寻找自身问题。

**想要获取成功必须具备的要素包括以下三点：**

1. 设定目标；

2. 努力开发积极的力量；

3. 自主进行学习。

这三项要素是非常基础且关键的，如果老师合理利用这几项要素，能够帮助学生实现目标，并获得情感上和学业上的成功。

成功的分类基准究竟能做什么呢？它能够辅助老师引导学生根据自身能力制订出适合自己的学习目标和执行计划，收获个性化的学习体验。比如，在现在拥有了大量网络学习资源之后，学生完全根据自己对学习的定义去选择有兴趣的、适应自身情况的学习内容，而且，视频教学可以激发学生的好奇心，满足多重感官的学习体验，发展他们的归纳能力和逻辑能力，引导并激发其内在的积极力量，可以在单一的教学中注入行之有效的正面意义。这些都是多维度多层面的，而每个层面又都指向了成功的其中一个方面。

作为老师，处在教学过程中最关键的位置，决定了教学中什么是核心，以及哪种传授技巧最有效。在教学开始时，学生会设定一个或多个想要完成的目标，而老师就是帮助学生达成目标的关键因素。他们可以决定利用哪些资源，如何扩大它们的利用价值，以及利用哪种技术来丰富学生的学习资源。在积极心理学融入课堂之后，老师一般会采用建立情感、灵活社交和有目的的测试调查作为教学的开场。

另外，值得一提的是，积极心理学的教学方法真正的期望是要所有学生都有所收获，赢得人生，而不是得到有人赢、有人输的结局。

积极心理学的教育目标分类最核心的标准是帮助学生明确将自己的目标摆在首位。老师必须要注意，不能将自己的意愿强加于学生身上。在学生们设立目标时，老师应该给他们足够的支持，增强他们的信心，要教给他们实现目标的有效手段与方法。只有学生相信他们可以达成心愿、完成目标，并意识到内心所蕴含的情感、积极能量和目标有多重要，就更能对获得的成果和对全过程做的努力产生满足感和成就感。

积极心理学的教育目标的标准应该是把核心从建立自尊转换为建立自我效能感。学生学会在学习上、社交上和情感上建立明确的目标，并努力完成，在此过

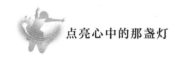

程中会出现自我导向。这种自我导向并不是通过老师强加给他们的，而是需要学生自我摸索、自我检测、自我实践。如果想要达成此目标，学生必须先找到真正的目标，并思考实现目标的众多路径，规划自己的执行方案，评估它们是否具备执行力，能否坚持下去，记录行动过程，检讨自我表现，报告成就等级，并重新制订下一个新的目标，并预想在达成目标的过程中会遇到的困难和解决方法。设定目标有助于形成成功所必需的、良好的学习习惯。当然，设定目标需要学生具有可操作性和可执行性，而不是空泛的、盲从的。举例说明，某个学生的人生目标是"我想成为一名舞蹈家"，细化之后，可以逐渐变为"我对中国舞蹈和某些民族舞蹈的内容很有兴趣。我计划研究这几个舞蹈分类的文化历史，并写出相关的报告。因为舞蹈家想要在舞蹈中表现出其内涵，就需要尽可能多地了解舞蹈文化及其历史"。

在实现目标之前，老师应该让学生学会尽可能多地列出各种方式。目标设定环节是所有后续的基石，需要运用情感上的创造性、灵活性、流畅性，以及思维的创造性。让学生学会从各种角度灵活地思考目标，并试图找到实现目标的多种途径。也可以将此目标与其他目标进行关联，认识多重成就之间的相互联系。这样一来，能够有效地利用他们的创造思维，让学生学会用能够完成的目标代替无法完成的目标，即便是失败了，也能从其他选项中选择当时更有希望完成的目标。

由此可见，我们想到达成功的彼岸，第一步就是要先指定合乎现状的目标规划。然后结合当下所有的资源进行整合，对症下药开始下一步的落实行动，并且不间断地记录学生在过程中的进步与不足，形成一个积极的正向循环。

积极心理学更侧重于教授学生如何在心理上做一个强者，用积极力量去面对一切。通过这种方式，让他们成为一名积极正向的人，可以拥有更多的自信，遇到困难也能够更加坚强，在社交领域中也能结交更多的朋友，把合作视为更理所应当、相互补充的过程，使这个过程更加融洽。这样一来，学校不再是只能学习的"封闭场所"，同学之间也不再是一分之差就落后多少的竞争关系，能够让他们学习变得更主动、更自信，取得成绩后也能更具有成就感。

在积极心理学的理论范畴，成就感的峰值是用正面且积极的情绪、全方位的高度参与、良好的人际关系、正向的人生意义和成功来实现学业、情感、社会认可度所收获的幸福。学生学习是为了内在的、真实的收获，老师可以采取互助学习、解决矛盾、培养复原力、劳逸结合等更多有效的教学策略，将这些内容融入课堂，让学生学习与幸福相关的内容。

老师教授积极心理学相关的内容并不仅仅是针对学业本身，而是让这种积极能量贯穿学生的整个人生，并最终将积极能量传给社会。

"师者，所以传道受业解惑也。"然而，这并不代表老师只要做好教学本身的工作即可，而是要教会学生在未来拥有积极的情感、力量，获得友谊，确立目标，在人生中收获付出的回馈。这种教育才是持久的、远视的，而这样的老师能够在学生的心里留下深刻的印象，值得他们终生怀念。如果你想成为这样的老师，那请你一定继续读下去，这本书一定会让你找到正确的奋斗目标与方向。

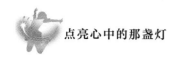

## 02 发掘积极优势

很多老师应该都听到各类教育专家说过类似"要充分发挥自己的优势"的建议，但有多少人能真的做到呢？即便是老师，也更倾向于关注自己的劣势和需要改进的地方，而对那些做得好的方面会产生习以为常的错觉。久而久之，会常常自省，甚至会陷入自我怀疑和自我否定的负面情绪当中，而忘了发挥积极优势，忘了动用积极能量。

我们也更倾向于关注劣势，更多地关注我们做得不对的地方，或者是我们需要改进的地方。作为老师，在教学的过程中，也是这样要求学生的，根本不怎么提及他们的优势，只会让他们改正自己的错误和缺陷，认为只有这样才能成长，才能变强，才能逐步走向成功。然而，你或许已经察觉到了，过分关注事物的消极面一定会让人觉得太艰难了，有太多需要攻克的难题，严重一点的，甚至会让人怀疑人生。这绝对不是老师们想要的，也不是我们想要给予学生的，更何况，这么做并不能让教学这件事变得轻松，反而会让老师身心俱疲。

通过工作和研究，我发现在舞蹈课堂上，学生能够变得开朗，变得坚韧，从而使其获得学习舞蹈的乐趣，更愿意投入精力，最终收获成功。无论是对老师而言，还是对学生来说，这绝对是一个能够收获快乐且有意义、有价值的过程。原因是收获快乐的同时，学生的舞蹈能力也会得到提高，这是最让老师感到高兴、提升自我价值且认同的事情了。

很多家长都会说，他们不求孩子以后有多大出息，只是想让他们开开心心地度过一生。但在我看来，社会中存在这种"出发点是好的，方向却是错的"的情况，类似家长、老师口中的"我是为了你好"。我们错误地认为，让孩子开心的方法就是让他们改正自身所有的缺点，但坦白地问一句，这可能吗？在积极心理学中提倡的积极教育相关的科学研究的结果显示，科学且正确的做法是：我们应该把更多的精力和焦点放在帮助他们发挥优势上，而非去盲目地改变劣势。更简单地说，就是要发挥学生们的长处，利用长处去弥补短处带来的弊端，而不是极端地消除短处，毕竟人无完人，每个人或多或少都会有自身的缺点和劣势。

积极教育对教师最直观的改变就是聚焦于优势的教学，传统的教学当中过度地纠正、改错、批评、教化，对于如何帮助孩子去发掘自己的潜能优势毫无益处可言。那么，优势到底是什么呢？关注优势真的会让学生的"尾巴"翘上天吗？

并非如此，优势是自我效能感的最佳体现，在这个方面我感觉我能行，我可以，我想让所有人都看到——这就是优势。

以我个人十余年的教学经验，加上相关的教育学、积极心理学和舞蹈心理学等领域的研究，以及我自身的成长经历，让我确信，积极教育的方法行之有效，各种文献、测试和分析也证实了它的功能，在本章将帮助所有阅读此书的舞蹈老师或其他学科的老师践行这一方法。

### ▶ 为什么老师关注优势在当下更有意义？

对"开心过一生"的另一种注解就是"掌握更幸福和美好的人生"，其实人们对如何定义"美好人生"这一问题的探讨甚至可以追溯到古代的先哲们。这真的是个历史性的疑问。但近几十年来，人们开始用科学的视角重新思考这个疑问。利用积极心理学理论中的"从优势出发"，能够让我们利用内在的积极力量去"掌握更幸福和美好的人生"，当老师运用积极教育的方法指导学生时，并且一以贯之，就能让他们找到自己的优势并相信它、发扬它，由此而掌控人生。

回到一开始的问题，为什么人们总是更倾向于关注身边人的劣势而忽略优势呢？有些父母会产生这样的疑问："我当然深爱着孩子，经常批评他，只是希望他

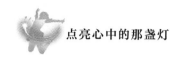 

改正错误，难道这是不对的吗？"老师也是一样，指出学生的缺点和不足后又后悔，但下一次仍然忍不住。我给出的答案只有两个字——保守。

在远古时代，人类的祖先曾在十分艰苦的环境中艰难求生。即便到了现代，基因也让人类的大脑保持着灵敏的探测器功能，能够敏锐地察觉到周围潜在的危险，或可能置身于不利的因素中。比如，灌木丛中有动静就代表那里可能潜伏着一只凶猛的野兽；部落篝火旁那张不笑的脸可能代表着那个人是被敌对部落收买了的内应；如果跑得比别人慢，就有可能在大自然中遇到危机时被甩在后面……"有点不对劲儿"这类刻在骨子里的敏感能够被大脑所识别，在某些比较特殊的时代中，一定程度上提高了生存概率，使人类得以繁衍生息。

现代社会早已不再是远古时代，也脱离了与野兽共同生活的境况。大多数人已经不会真正去面对这种极端情况了，所以我们需要辩证地看待问题，比如，在与他人合作交流的过程中，在持续努力的奋斗中，过分关注负面因素是十分不利的，因为这样做容易使人丧失信心，看不到希望，看不清时局，从而无法进行专注的思考，更无法将精力放在创新、合作、适应、成长和取得成功这些事情上。

可以这么说，关注负面能让我们在危急时刻幸免于难，而关注正面则可以让我们在更多时刻大放异彩。

过去几十年的研究表明，儿童也好，成人也罢，以注重优势为基础的积极教育和积极生活，有以下几点益处：

1. 在学校收获满足感，产生幸福感，参与度更高；

2. 升学或更改学习环境的适应过程会更加顺畅；

3. 有更优秀的学术成就（在高中生和大学生中都有此类倾向的数据）；

4. 在工作中更容易获得幸福感和满足感；

5. 更能够持之以恒；

6. 工作表现更出色；

7. 更有可能长久地维持婚姻，更容易在亲密关系中感到满意；

8. 生活习惯更健康，身体就更健康；

9. 生病后恢复得更快、更好；

10. 对生活比较满意，能够产生满足感，自尊心更强；

11. 拥有抑郁情绪的可能性比较低；

12. 更能积极面对压力和逆境。

就现实情况而言，确实有越来越多的老师开始逐渐了解，积极教育比过去那种更关注负面的模式更科学、更健康，也更能让学生培养出好的学习习惯。作为老师，只需要更明确地知道，那些积极教学的工具到底是什么，以及怎样利用它。

本书能够让教师对于助力学生成为更好的自己拥有信心，书中所讲的方法都有相关的科学依据。这本书的最终目的是帮助老师拥有更多辅佐学生充分发挥个人潜能的能力。

在后面的章节中，本书会充分介绍作为舞蹈老师，如何利用积极教育帮助学生取得进步，如何帮助他们发现自身优势，并根据这些进一步与学生进行沟通和管理。在书中，你会读到很多具体的案例，都是具有后发性、引导性的小故事。其中比较典型的是关于一个叫皮皮的学生的故事，她在班级里被称为"混世小魔王"，最终通过我在舞蹈课堂中践行的积极教育而有所改变，认识到自己的优势并将其发扬光大。这样的例子有很多，读者能够学到一些简单的方法，将自己的注意力不自觉从关注劣势转化为关注优势（这一点，不仅是针对学生，也针对自己）。这些方法能为我们带来更多和谐，也能收获更多的幸福感。

其实，无论是谁，都有自己的优势和特长，既包括生理方面的优势，如高智商、强体魄，又包括智商衍生方面的优势，如高情商、抗压性强、创新能力强，还包括美好的品质，如勇敢、善良、公正……积极教育的核心就是让学生时刻牢记自己的优势、特长和那些美好的品质。在教学的过程中，能够非常直接地改变老师和学生的状态。

另外，积极教育从任何时候开始都不晚，你不用担心这会使学生变得妄自尊

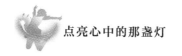
大、目中无人。

很多人存在这样的误区：会把积极教育视为"只夸赞优点不指出缺点"的快乐教育。老师也会担心，这么做会不会太理想主义了？教育出来的学生会不会都是"绣花枕头"？其实，对这种问题我也曾有过担忧，也和很多同行探讨过，但实际上，我可以很坚定地回答：不会。

作为大人，我们往往低估了学生的自主意识，总认为没有管教、没有指责，他们就会随波逐流，放任自我。实际上，学生在发挥自身优势的同时，能够有意识地改正自己的缺点，因为他们可以正视并完善自身的不足之处，让自己更加优秀和出色，而不是想把缺点藏起来。所以，立足优势并不等于忽视缺点、隐瞒缺点，而是站在更宏观的角度去看待缺点，并及时进行纠正。

另一个误区则更为致命：积极教育只是单纯的夸奖吗？我们看到过很多亲子关系的专家倡议，要让家长学会"表扬""赞许"小孩，这种"表扬"和"赞许"绝对不是虚伪的、夸张的、毫无实质内涵的，不当的"表扬""赞许"只会引发学生自命不凡的自恋情节，而不会真的形成良性循环。鼓励也好，表扬也罢，都是要针对学生真正的优点，能够让它继续发扬光大，进入良性循环。

除此之外，积极教育还有一个重要的组成内容，即务必让学生明白一个道理："优点"只是他们身上的闪光点，而不是高高在上俯视众生的"特殊性"。有很多家长采用了错误的方式，让孩子错误地以为，他们身上的优点是多么与众不同，和其他同学比起来超凡脱俗。久而久之，孩子自然会产生一种错觉，认为自己比别人优秀，尤其是家长总爱说"别和差生玩，会被带坏""别和纪律散漫的人合作，会搞砸小组任务"，等等，实际上都是在传递不平等的观念。

每个人都有自己的优势，成绩并不是唯一的体现标准。我们要做的就是发现学生的优势，且让他们学会如何在利人利己的情况下来使用优势，而不是仗着优势高高在上，这才是积极教育要达到的效果。

不过，尽管积极教育能够在教学和学习的过程中，让老师和学生收获更多的幸福感和满足感，但并不代表老师必须要刻意营造过分积极的环境，而是应该积极教育学生可以在逆境中运用优势克服困难——如果能以积极正面的方式解决问题，走出逆境，便可以从中得到锻炼，这是每一个老师能做的最有成就感的事情之一了。

### ▶ 多年来，我是如何接触并认定了积极教育的？

你们也许会很好奇我的经历，当然我也有必要简单介绍一下我是如何接触并认准了积极心理学的。

2012年，我开始了舞蹈老师的职业生涯，但我的内心一直有个疑问——我要怎么做才能成为一名优秀的舞蹈老师？要成为一个什么样的舞蹈老师？

在2017年我成为母亲之前，我一直秉持着"严师出高徒"这个保守却有效的权威型教学理念。用"保守"二字来形容毫不夸张，而且，那时的家长也都支持且崇拜比较严厉的老师，认为那样的教学更能教出好学生。于是，那几年我勤奋敬业也算是有了点名气，学生队伍日益壮大。2017年，我做了母亲，同时，我的事业也迎来了新的高度，组建老师团队并先后开设多家分校。毫不夸张地说，这一年，是我人生的转折点。

看着女儿一天天长大；看着老师们用他们的方式去教学，并且获得学生的爱戴和家长的认可；学生取得的优异成绩更是让人引以为傲。这一切，似乎都在朝着我们向往的方向稳步前进，然而，我依旧无法想通萦绕在脑海多年的问题——到底我要怎么做才能成为一名优秀的舞蹈老师？要成为一个什么样的舞蹈老师？

我想找到答案，这时候，心理学走进我的视野。我先是报考心理咨询师，学完之后还不满足，又考取应用心理学的硕士，直到在硕士课程中接触了积极心理学这门学科。当时有一份推荐书单，其中，马丁·塞利格曼教授所著的《教出乐观的孩子》《认识自己，接纳自己》吸引了我的注意力。

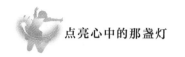

似乎，它们一直在等我。就如同塞利格曼教授说的，并不是他选择了积极心理学，而是积极心理学选择了他。我也有类似的感受，尤其是看到《认识自己，接纳自己》中传达了积极心理学这个新领域的基本观点——我们应该放弃"只看到缺点"的教育理念，去关注学生究竟有什么强项，充分发挥它、加强它。

看过之后，我好像找到了一个领路人，这个领路人让我懂得一个道理，除了显性的优势，如成绩、学分、学历，我还有很多隐藏在性格之下的优势——善良、坚毅、好学、意志力、幽默，等等。这么多年来，就是这些隐性优势支撑着我一步步走到现在，从最初创业办学，教舞育人，到后来遇到我的丈夫，生儿育女，并顺利完成博士学位……这些人生际遇，显性优势只能做到开始，却无法持续，尤其是在遇到问题和麻烦的时候，隐性优势才是鼓舞我始终坚持的动力。

渐渐地，我开始明白，优势就好比是一艘救生艇，能够让我避免陷入繁重的教务深海之中，能够让我在应对生活的种种考验的同时，还可以高效学习新的知识。

身边人总是好奇地问我：为什么工作这么忙，还能去考学并获得了博士学位？生活中也没有疏于对丈夫的关心、对孩子的陪伴。我当然没有魔法把 24 小时变成 48 小时，而是利用隐性优势，避免精神内耗，在有限时间中挤出学习的时间。对积极心理学的自学，让我首先接纳自身有劣势，但同时也拥有更多的优势，主动发挥优势让我觉得自己拥有很多可以调用的内在资源，内心踏实了，自然会有很大的安全感和满足感。

在自我学习和实践的过程中，我便下定决心，要让我的所有学生都能够掌握这种调动自身优势的积极能量，并运用到学习和生活中。这就是我作为一名老师的职责。自此，积极教育的理念就深深地扎根于我的心田。这样说或许会显得很空洞，但积极心理学的理念是我认为需要持之以恒去做的，现在，积极心理学融入舞蹈教学领域的探索处于初步阶段，尽管已经有了一些成效，可是远远不够。

我也希望尽自己的绵薄之力，让它也可以帮到更多的老师成就更多的学生，一同开启属于他们的美好人生。

如何吸引更多的老师关注积极心理学在教学过程中的作用呢？其实，任何一名老师只要开始运用"发现学生优势，并主动将优势发扬光大"，时间自然会告诉我们答案，从而看到优势教育的成果。

可以这么说，从何时何地开始关注优势教育都不算晚，既然如此，不如就从此刻开始吧。

## ▷ 分享：作为老师，你应该怎么做，才能以优势教育为基准去教育学生呢？

在开始了解积极教育之前，我们得对自己的现状做出一个大致的了解。接下来，我列举两个练习，它能让你知道自己是否已经开始实践积极教育，且指导实践积极教育的程度。比如，知道自己在哪些领域中做得已经非常好了，需要保持下去（发挥优势），也能了解自己需要改进的地方（改正劣势）。不过，如果你的得分很低，也不用担心。这本书能够让你在阅读之后有所收获，知道自己该如何去做。

练习1：测测你的优势教养程度

测试网址：http://www.wjx.cn/vm/wVyL81U.aspx。你可以把这个练习推荐给自己的朋友。这样可以帮助我们的积极心理学研究者进一步优化积极教育体系。

练习2：发现你自己的优势

想要看到并培养学生的优势之前，老师要先了解自己的优势所在。我准备了一些问题，需要你静下心来好好思考一下。填写完答案之后，你就能知道自己的才能和积极的个人品质。这些问题是：在教学过程中，你最成功的高光时刻是什

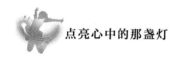

么时候？回想一下那个瞬间，你成功教育了学生，你都说了什么话，做了什么事？那位学生或者是那个班级的学生的反馈是什么？

现在详细地描述一下：你做了什么？自我感受是什么？学生的反应是什么？这对你的学生产生了什么样的影响？

## 03 理解何为基于优势的积极教学理念

### ▶ 关于优势

作为舞蹈老师，可能都遇到过这样的场景：一个学生正在机械地、毫无情感投入地跳舞，从他的舞蹈动作、踩点节奏上都没有任何问题，但是肢体语言和面部表情都向你准确地传达了"他的心思不在这里"。另一个完全相反的场景你肯定也遇到过：一个学生全身心地投入，可能动作并不规范，过程并不完美，甚至出现了非常明显的瑕疵和错误，但观看的人都能感受到他身上散发的饱满情感。

**所谓优势，主要由三大要素构成，具体如下：**

1. 优异的表现——擅长做什么事情。

2. 充满激情——做什么事的时候感觉非常好。

3. 主动频繁——从主观上特别愿意去做。

在心理学家看来，这两个场景中跳舞的学生都没有舞蹈方面的优势，因为两个学生都没有完整地表现出构成优势的三个要素：第一个学生虽然跳得没有任何问题，但不具备激情，想必他在跳舞时也不会收到很好的反馈和感受，甚至有可能是被逼迫着来学习的；第二个学生跳得极具表现力，也显示了他对舞蹈有着浓厚的兴趣和激情，但不足也很典型，无法记住完整的动作，动作也不见得多协调，所以不能说他擅长跳舞。

优势必须要满足我们擅长做、愿意做且做的时候可以满怀激情这三个先决条

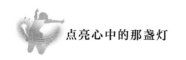 

件。三者共同构成了具体的优势模型，它可以帮助我们判断学生到底在哪些方面具有优势。

其实，想了解学生的优势并不难，只要想清楚三个很简单的问题就够了。

### 第一个问题：我是否"看到"学生擅长做什么事？

当学生表现出超越年龄的理解能力、学习能力，或是在某个方面很有天赋时，作为老师的你，一定能够"看到"，即便只是在不经意间。

### 第二个问题：我有没有在学生的身上看到激情？

优势是能够不断强化的，言外之意是用的次数越多得到的收获也就越多，二者之间成正比。做擅长的事情会调动人的所有激情，所以当学生在发挥优势时，他们都是神采奕奕、活力四射的，且很少觉得累，精力充沛。

### 第三个问题：我有没有经常看到学生愿意做这件事？

多观察一下，学生在课间休息时、放学后更愿意做什么、聊什么？多久会参与一次学校或社区的特定活动？他会参加哪些方面的活动，又是如何看待这些活动？

举个例子，有一天你注意到某位学生在跳舞时特别投入，进步飞快，作为舞蹈老师，你充分鼓励他，为他创造了愉悦的学习环境。如果他真的拥有舞蹈方面的优势，下课后，他依然会勤加练习，进而表现得更加优异，优异的表现又会让他更加充满激情……这个运作就形成了学习的良性循环。到最后，即便没有老师加以辅导和鼓励，他仍然能够自主学习。

当然，基于我的教学经验来看，我并不建议老师在刚发现学生的优势时，就立即向家长反馈，甚至是带有夸大的成分去表扬和夸赞。这种做法很有可能为今后的教学带来一些不必要的麻烦。

为了鼓励学生，老师在和家长反馈教学成果时，把1分成绩说成2分，希望家长回家后也能够继续鼓励孩子，不要轻易放弃。这种鼓励和反馈在学生家长看来，就成了一种"孩子是好苗子""孩子有天赋"的承诺。我曾很用心地询问过家长，他们听到老师这样说，会是什么想法。很多家长露出不好意思的神情，说自己根本不懂，只好反复问老师为什么说孩子有天赋，为什么说孩子是好苗子。老师的回答往往都是最常见的说法——"记动作记得快""节奏感比较好"，等等。但实际上，这种称赞并不能真正鼓励学生，反而会让家长对孩子有了不切实际的期待。

所以，不能过早地和家长说这些，因为家长会过度曲解老师的话，继而形成对学生的压力。这样一来，反而是好心办了坏事，让学生有了压力，忘了学习的初心，让家长有了不切实际的期待，忘了学习的本质。

"优势教养"这个概念的提出者是澳大利亚的心理学家莉·沃特斯，她将已经形成的优势和未形成的优势这种表述替换成另一种说法，即"核心优势"（此种优势是核心特征）和"成长型优势"（此种优势只是处于萌芽期，还需要加以培养），这种说法更加准确和通俗易懂。

### 1. 核心优势

所谓的核心优势，是指人类与生俱来的优势。每个人都是独立的个体，互有差异。有的学生智商高（智力方面），有的学生嗓子好、节奏感好（音乐天分），有的学生对三维立体有自己正确的理解（空间感）；又或者是性格方面的，如勇敢、沉稳、情绪控制稳定、能够与周围的人共情……这种优势在孩子刚刚启蒙的时候就会有所显现，是一种显而易见的优势。甚至可以说，核心优势是每个人与生俱来的特征，如果失去了这些，"你"就不再是"你"了。

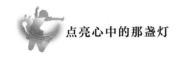
**2. 成长型优势**

所谓的成长型优势，是指每个人在成长过程中满怀激情地通过学习而掌握的优势，这种优势能够让我们在某些方面表现得十分优异，不过，这种优势在初期可能使用频率不会很高，而是一种随时机突然迸发的，在教学过程中，可能只在学生身上偶然发现过一两次，如果能够及时发现并加以鼓励，学生自然就获得了发展这项优势的机会，如果能够充分掌握，就能大放异彩。

成长型优势的有趣之处在于，它出现的时候，可能看起来都不像是优势，所以很多人都会忽略，从而丧失了发展机会。所以需要老师慧眼识珠，将其分辨出来。


**3. 习得行为**

习得行为，就是指从体验、训练中获得的行为和能力。

一般来说，优势都源于内在，而习得行为则需要从外界培养而成。这种培养的动因主要来自父母、老师或其他人，于是乎，培养习得行为的动机往往就带有一些功利色彩，比如，为了取悦他人，为了生活更顺利，或者是为了获得更多的外界奖励。

举个例子，某人在茶艺方面有着极高的天赋，然而他并不喜欢茶艺，却能够通过做与茶艺相关的工作来赚钱养家。当然，茶艺可以被替换成各种能力，都能说得通。所以，我们完全可以利用培养习得行为来达到自己的目标，但首先就是要了解习得行为本身，然后将它融入学习和生活中去，同时还不能失去原本的目标，不能让它侵占自己太多的时间。

我最开始接触积极心理学的研究报告时就已经意识到，自己在教学工作中就运用到了大量的习得行为。通过习得行为，我成为一个善于思考的人，也获得了良好的语言表达能力，擅长演讲，等等。不过，这些都是需要消耗很多精力和时间的，我必须学会控制习得行为，并开始培养内在的优势。于是，我将交流会、分享会、精读班等活动安排在午餐前或者教学后，这样一来，我可以在活动结束后进入休息状态，让核心优势——对美的感受力也得到满足。

除此之外，老师应当多注意，过分使用习得行为也存在着一定的弊端，主要会影响学生的激情和动力，对培养学生乐观、坚韧的品质形成一定的阻碍。

举一个在我身上发生的案例吧。在我分娩的时候，因为恐惧和担忧，我选择请了一位专业的导乐。导乐作为专业人员，一直试图让我跟着她的方式去放松和用力，可我根本做不到，在极度疼痛之下，我只能本能地采取更擅长的姿势来呼吸和发力。导乐见状既无奈又着急，甚至还抱怨道："你不是舞蹈老师吗？怎么不会呼吸和用力呢？我说的是……怎么到你这里就变成了……"然而，我从进产房到娩出女儿只用了两个多小时的时间，那位导乐事后很尴尬地说："想不到，你的方法也管用啊……"

在这个案例中，我相当于"学生"，导乐就相当于"老师"。我自己有某种优势（是因为从事舞蹈老师的工作），老师也认可我的优势，却并没有去尊重，而是"强制"让我按照她说的方法去做。因为疼痛，我并没有听从，而是出于本能发挥自己的优势，换个角度看，如果我听了她的方法，因为不够熟练，生产的时间可能会无限延长，也会动摇自信心。

通过这个亲身经历，我们可以了解到，鼓励学生运用自身的核心优势，更能走好适合他们自己的路，而不是老师"强行"塞给他们的路。

### ▶ 关于劣势

所谓的劣势，是指所有的不利条件、缺点，简单地说，就是没有做好的地方。这种不好可能是某些技能、能力方面，或者是和性格、个性相关。

和优势一样，每个人都有自己的劣势。无论是传统教育方式，还是优势教育方式，老师都要让学生们正视自己的劣势，区别就在于要如何对待学生的劣势。优势教育，最关键的一点是要用正确的眼光来看待劣势，通过更真诚、更开放的

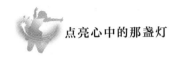
沟通方式和学生探讨他们自身的劣势，帮助他们树立对待劣势的态度。

**关于劣势，老师需要传递给学生三条重要信息，具体如下：**

1.每个人都有优势，每个人都有劣势。不是只有你才有劣势，大家都一样。

2.有劣势不代表你一无是处，只能说明大家是正常人。

3.避免陷入只关注劣势的"陷阱"。

在教学过程中，如果老师始终关注学生的劣势，就像一直让他用自己的非惯用手一样，肯定用得很别扭，那么学生表现的好坏、有没有激情和其使用优势频率的高低，自然不能和关注并鼓励他发挥自身优势的情况相提并论了。

传统教学总是过分强调学生要努力改正缺点，这不仅会打击学生的自信心和积极性，也会让老师充满挫败感，很快就会身心疲惫。对这种情况，应用积极心理学中心的首席执行官亚历克丝·林利博士曾经说过这样一句话："只有在充分利用自身优势的基础上，我们才可能通过战胜自身的劣势获得成功。"研究领导力的专家彼得·德鲁克说，那些取得极大成就的佼佼者都努力让自身优势进行互联，从而变得更强大、更优秀。通过这种方法，让自己的劣势最终变得无足轻重。他毫不避讳地指出，任何一个人"都有一大堆缺点"，如果把注意力和关注点都放在优势上，劣势的负面影响就会变得越来越小。

在学生时期，很多人都做过这样的小测试，问问自己有什么缺点和弱点，然后问问自己有什么优点和强项。结果显示，学生会把缺点说得比优点更多更详细，并且在形容缺点和弱点时所用的词语也多种多样、五花八门，反而对优点和强项，只进行简单的陈述。很多学生都更关注缺点而忽略优点，甚至将优点和强项认为是理所应当的事情。

同样的情况也出现在老师身上。很多次在老师分享会和学习会上，都会做这样一个游戏——拿出纸笔，在五分钟的时间内，写下你能想到的关于某个学生的优点。如果你能轻易地写出一张很长的清单，那就恭喜你了，因为对多数老师来说，通常能写出五六个优势就已经很不容易了。不得不说，在舞蹈课堂上能观察到的学生优势相对非常有限，老师想不出来也很正常。这在心理学中被称为"负面信息加工优势"。

根据积极心理学提倡的二十四项品格优势，每个人都不可能全部拥有，只是拥有其中几项。有一些优势并不会在课堂中有所呈现。所以，当我告诉他们都有哪些优势时，老师们都会眼前一亮，开始用发散的方式思考学生所拥有的优势。比如，表达能力强、创新能力强、精力十足、严谨慎重、真诚友善、好奇心旺盛、公平公正、乐观豁达、坚韧不拔……这些只是老师们观察到的部分优势，并非全部。

直到此时，老师才意识到，在日常教学中，他们可能忽视了太多学生的优点。一部分是因为每个人都具备的消极的心理防御机制，还有一部分是因为我们对很多优势都习以为常，并不承认那些就是优势，以至于忽视了它们的存在。就像一位特级厨师在谈论自己做出的美食时总会说："哦，我只是随便拼凑了一下食材，主要是激发它们最原始的味道。"同样地，接受记者采访的见义勇为的英雄一般都会说："任何人遇到这种事情都会这么做的。"

然而，如果老师并不重视学生的优势，认为这些都是理所当然的，那就错失了辅助学生充分利用优势、发扬优势，从而走向乐观、坚韧的机会。在本章的内容中，读者可以通过新的方式和角度看待优势，可以更容易地找到学生的优势，并且充分感受到优势是能力、特点和天赋的科学依据。

在老师职业生涯中，我们总会遇到这样的事情：原本你一直很喜欢一名学生，但有一天，他做了一件你很不喜欢的事情（错误行为），或者是你发现了他身上有一个你很不喜欢的特点（错误品质），直接导致你对这个学生的印象发生了很大的转变，好感度直线下降。这就是心理学家发现的"负面信息加工优势效应"。

可以肯定地说，大多数老师都会出现这种状况，总是在不断地发现学生所犯的错误，并且不断加强对错误的关注。于是，就会开始纠正学生，并强调："这都

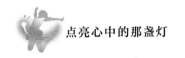

做不好，后面还怎么学呢？"如果犯错次数逐渐增多，甚至会当着其他学生的面训斥他："这么简单的动作都做不好，还怎么跳舞呢？"

换言之，长时间在传统教育的氛围内，学生十分清楚自己犯了什么错误、做错了什么，却根本不知道自己有什么优势、做对了什么。久而久之，学生自然就会觉得自己一无是处。

众所周知，优秀大学都有各个领域的特长生，这就说明拥有突出优势的重要性。大学欢迎有优势的学生，企业也喜欢有特色、优点的员工，社会更需要个性鲜明的人才。既然如此，作为老师的我们，应该怎么去发掘学生所拥有的优势呢？又该怎么去助力学生发展自己的优势和特点呢？

我们先来认识一个相关术语——亚里士多德提出"人的三种优势"：第一种叫身体优势，一般是指外在的，如面容姣好、身体健康等，作为舞蹈老师，太清楚"老天爷赏饭吃"对舞蹈专业学生意味着什么了，既然拥有这样的优势就不能浪费它、耽误它，比如，明明很健康，却为了减肥而导致暴饮暴食，亚里士多德认为，这是一种不道德的、没有好好呵护自己的优势的行为；第二种是知性优势，即智慧，能够帮助别人解决问题，善于设计规划，如果拥有这种优势，请主动展示，让其他人感受到智慧的存在；第三种是品格优势，也就是大众认为的道德、勇敢、仁慈、慷慨等优秀品质，同样也是能让人受益的，如果说能力是让人获取富足生活的基础，那优秀品质则是让人们找到人生的真正意义——利他即是利己。

积极心理学中详细罗列了6大美德24项人类优势，可以让老师更好地发掘学生身上的更多优势。附上清华大学积极心理学研究中心研发的"美德与品格优势中文量表"的网址（https://www.wjx.cn/m/27755661.aspx），有兴趣的读者可以给自己或给学生、孩子进行测试，以下是详细的优势测量结果。

如果测试者在7岁以下，可以选择我为你们准备的儿童优势调查表进行测试。

第一类是**智慧和知识（Wisdom & Knowledge）的优势**，主要包含以下几个方面：

创造力：喜欢思考全新的方法去解决问题。

好奇心：拥有很多兴趣爱好，喜欢新鲜的事物。

思维开放：总能看到事物的各个方面，总能想出别人想不到的点子。

好学：喜欢并享受吸收知识的过程，通常会比较热爱阅读。

洞察力：总能发现别人或者周围环境的细微变化。


第二类是**勇气（Courage）的优势**，主要包含以下几个方面：

勇敢：即便是面对对方的强烈反对，也能坚守自己的立场和原则，据理力争，不畏强权。

坚韧：从来不会或几乎不会在事情还没有做完前就放弃。

活力：热情洋溢，神采奕奕，总有用不完的精力。

正直：讲真话，帮理不帮亲，主动维护规则和制度。


第三类是**人道主义（Humanity）的优势**，主要包含以下几个方面：

爱：能够有智慧地维护和他人的亲密关系，懂得相互分享，彼此关心。

善良：愿意力所能及地给予别人帮助和照顾，做一些举手之劳的善事。

人际智力（社会智能）：在不同的社交情景之中，都能做到举止得体，懂得他人的情感和行为动机，并给出适当的应对。


第四类是**公正（Justice）的优势**，主要包含以下几个方面：

公民精神：为了获得大的、集体的利益，愿意牺牲小的、个人的利益。

公平：对待所有人都能保持公平、公正的态度，给予每个人同等的机会。

领导力：几乎可以让团体成员达成协作认知，即便大家存在着些许的分歧，也可以很好地从中协调，最终达成一致。

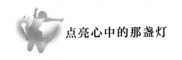 

第五类是**节制（Temperance）的优势**，主要包含以下几个方面：

宽恕和慈悲：很少心存抱怨，能够宽容他人的缺点和不足。

谦卑谦逊：对待别人保持不骄傲、不自大的谦虚态度，不会盲目认为自己比别人更特殊。

审慎处之：说任何话之前要先做思考，再发言。

自我规范：能规范自己的行为，控制不良情绪，不冲动行事。

第六类是**超越（Transcendence）的优势**，主要包含以下几个方面：

欣赏美和卓越：看到美好的事物时，能够发自内心地赞美和欣赏，对美有更深入的认知和解读。

感恩：对生命中所遇到和得到的东西心怀感激，不随便抱怨命运。

希望：对万事万物都充满期待，怀着期待的心情迎接新的一天。

幽默：能够用欢笑点亮别人的生活。

灵性：能够自我掌握精神生活的富足和力量。

另外，优势的表示形式可以是外在的，是某种具体的才能，比如会跳舞、会演奏某种乐器、跑得很快、跳得很高；也可以是内在的，是某种非显性的性格，比如一个学生总是积极乐观地看待周遭的一切，或是勇于面对挑战。

特征优势是指人类性格中保持积极的、正向的方面，如善良、感恩、公正等，对自己和他人都有益处。研究人员发现，在世界各地文化中有一些相似的积极特征存在，这些特征被称为性格优势，学者将它们分成了六大类，分别是：勇气、博爱、智慧、正义、自律和努力寻求自身以外的意义。这六类优势普遍存在于个体身上，只是程度有所差异，从而构成了独特的、有着个人色彩的整合优势。

个性优势是指人的性格，这也是老师培养学生优势方面的重要组成部分。很多读者可能还无法理解个性优势的重要性，那不如假设一下，如果一个有能力的人不具备任何个性优势，他会变成什么样呢？这就好比爱迪生没有好奇心，乔布斯没有创新想法，白求恩没有同情心……

几十年来，科学家并不重视性格优势的研究和培养，而是把注意力更多地放在表现优势上，它主要包括生理优势和额外技能。在舞蹈学习的过程中，这种外在优势更是被无限放大，以至于每当我问刚开始学习舞蹈的学生觉得自己的优势是什么时，他们多数都会回答说，自己的个子高、四肢纤细，自己的协调性、柔韧性好，自己更聪明……

的确，生理上和智力上的优势是人类赖以幸存和进化的基础，但根据科学研究的成果来看，某个个性优势有助于解决问题，比如可以更好地和他人达成合作意向，从而实现自己的目标。达沙·凯尔特纳博士所带领的团队做过具体的研究，成果表明：积极的个性特征，如心怀感激、沟通顺畅、乐观开朗等，可以拉近人们与亲人、朋友及合作伙伴的距离，凝聚团队力量，共同应对困难。这就好比，从远古时代到封建社会，再到现如今的新时代，积极的个性特征已经印刻在我们的骨髓中，因为适者生存的背后是善者生存。中国有句古话："得道者多助，失道者寡助。"可见中国人自古就有此种认知。

每一天，我们都在不知不觉地接触着各种特征，有的是优势特征，同样也存在劣势特征。生活中常常发生这种情况，我们认识了某个人之后，会产生"我喜欢这个人"或"我不喜欢这个人"的感觉，虽然看起来很草率，实际上是我们在潜意识里已经对他的性格特征做了评估。

在接触和交谈的过程中，我们也能觉察到对方性格特征的程度。比如，能够轻易地知道对方比普通人更善良，或者是比普通人更懂得感恩，也能清楚对方是否在意公平，是否能更勇敢……

作为老师，如果了解了优势教育的术语，掌握优势教育的基本框架，就能更清晰明了地发现学生的性格优势所在。如果学生遇到了生活和学习方面的挑战，老师就能通过激励的方式让他们发挥其性格优势，而非表现优势。

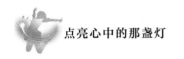 

我有一个学生，就叫她青青（化名）吧。相较于班上其他同学而言，她的平衡感和协调性相对差一点，所以每次上课都畏畏缩缩，很没自信，做动作时也不敢太用力，生怕做出来不协调会被他人嘲笑。在课下，我和她闲聊，尝试着介绍做些挑战自我的事情是很有趣、很重要的。闲聊是非常轻松的，她自然放松下来，于是我发现她是一个坚韧不拔且心胸开阔的姑娘，虽然她平时课上偶尔会因为出糗而被同学嘲笑，但从未想过放弃学习舞蹈，甚至认为勤能补拙。是的，这就是她的性格优势，我便鼓励她发扬"绝不放弃"的精神，坚持做一个她经常出错的难动作。一次又一次地重复，当她做到了之后，就在全班同学面前鼓励和肯定她坚持的过程，而非结果。在此之后，她在课堂上露出的笑容越来越多，也越来越坦然面对自己的劣势，并且坚持去做。

除此之外，性格优势不仅可以帮助学生解决困难，也可以帮助他们更好地应对随时随地都可能发生的状况。

## ▷ 分享：课堂中引用积极心理学发掘学生优势性格的事例——引导学生讲一个"最好的我"的故事

什么是"最好的我"呢？这是积极心理学中最常应用的干预方法，即积极的自我介绍。

当我们在做自我介绍时，一般都是把重点放在介绍自己的家庭背景、教育学历、职业等信息上，好像罗列那些信息就能够把自己前半生都讲清楚了。但实际上，这些信息根本无法让别人直接了解我们是什么样的人、有什么样的性格、擅长做什么事、不擅长做什么事。如何才能向别人生动展现自己有血有肉的一面呢？最好的方法就是讲一个"最好的我"的故事。

讲自己优势的故事更能给旁人留下深刻的印象，不过，中国人比较谦虚，并不擅长讲述自己的优势。

著名的积极心理学家芭芭拉·弗雷德里克森教授曾在她的著作中提及过自己

的故事。有一次，她帮朋友录制一段视频，一录就是 4 个小时。她的同事提议说，让芭芭拉的学生过来帮忙录一下就好，她可以继续去忙自己的工作，反正她的朋友也不知道。但是芭芭拉犹豫了一下还是拒绝了，说："但我自己知道，既然答应了朋友的请求，就要亲力亲为。"

这件小小的事情是为了炫耀自己遵守承诺吗？并不是，而是让我们感觉到她作为鲜活的人，内心有过挣扎，却仍然信守承诺。这就是人的优势，也是"最好的我"的一个小故事。

作为老师，我们要如何引导学生发现并说出自己的优势故事呢？

第一，固定时间，让学生养成讲述自己优势的习惯。

老师可以自己指定时间，起带头作用，向学生示范找到的标志性优势究竟是什么，是通过什么行为表现出来的。然后让学生根据示范找到自己或亲人的标志性优势，同时也聊一聊，他们是基于什么得出这个结论的。

我最常用的就是自己和女儿小米粥的故事。不过，学生们更喜欢听小米粥的故事，可能都是小孩子，所以更能形成共鸣吧。听完他们的讲述后，作为老师的我们是否能感受到他们真的做出了自己所说的优势呢？只要用心讲一个即可，不求面面俱到。让他们说出自认的优势，并在他们讲完后再做补充和适当的引导，且要给予肯定和认可。

要知道，很多大学生在知名企业面试申请时做的自我介绍都是从优势开始的。因此让学生学会如何用优势来包装自己很重要。

第二，更换环境和场所，辅助学生拓展自己的优势。

运用自身优势不应该只局限在某个具体的场所中，而是要让优势具有辐射效应，由点到面。意思是说，找到核心优势之后也不能自满，而是要把它发展为新的优势，并找到运用的新途径。这样一来，就能让学生在各个方面都获得更多的成就。

比如，有的学生的优势是具有丰富的想象力和创造力，老师可以引导她把这

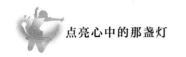

种优势放到单一、枯燥的训练上。练习舞蹈基本功时，我会用舞蹈砖作为辅助教学，这名学生可以一边练习竖叉，一边用舞蹈砖搭出各种"大堡垒"，并将这些动作付诸想象，让训练过程充满乐趣。这些单独增加的动作并没有妨碍她的练习，她一直都是班级里软开度最好的学生。设想一下，如果我不知道她的优势是出色的想象力和创造力，一定会严厉斥责她在训练时做出的额外动作，那就有可能扼杀了她的优势。或许她未来不会从事舞蹈事业，而是去做更依赖想象力和创造力的设计工作，如果我就此扼杀了她的优势，很可能会断送她未来的另一种可能，不是吗？

可能有的老师会觉得不可思议，这样做的话，其他学生不会模仿进而破坏课堂纪律吗？回答是肯定的，肯定有学生会模仿她的行为。但是，每个学生的核心优势都不一样，其他人并不见得拥有出色的创造力和想象力，所以那些模仿她的行为的学生基本上都不会成功，几次之后，他们的"大堡垒"总是倒塌，自然而然地就失去了模仿的兴趣。

第三，用优势把学生不喜欢的事变成喜欢的事。

举个很小的例子，我的女儿小米粥在她 4 岁时，有一次上运动课安排的是走独木桥游戏，但她平衡性可能相对比较弱，总是过不去，所以就对运动课充满了抵触情绪。每次一到运动课，还没进教室门口，就开始哭闹，所有老师都没有办法。我听说之后，刚开始并没有表现出来，等晚上回家后，我看她稍稍忘记了玩游戏失败后的挫败，便开始和她聊天。听她絮絮叨叨说完独木桥游戏好难之类的抱怨后，我告诉她："妈妈非常理解你对独木桥游戏的抵触情绪，遇到困难，换作是大人也会想要逃避，所以我同意你想上运动课时请假的想法，但妈妈不是运动课的老师，没有这个权利。你可以自己去向运动课老师请假，并说出你的理由。如果老师同意，那你可以请假，如果老师不同意，你就还得去上课。"尽管小米粥当时只有 4 岁，却马上心领神会地想出好几个天马行空的请假理由，甚至催促我给老师发消息。这时，我提醒她说："一直以来，你都是个诚实的孩子，妈妈也因为你的诚实而感到开心，你确定要用谎言来逃避运动课，编造理由破坏自己的诚实吗？"经过一番思想斗争之后，小米粥还是选择去上课，因为她不想让自己成为一个爱说谎的小孩。说服了小孩子，我也和运动课的老师沟通了一下，说明了孩子逃避上课的真正原因，老师说，独木桥只是其中的一项游戏，可以适当调整课程内容……撰写本段内容的时候，小米粥已经5岁了，除了生病时无法坚持上课，她并没有因为其他原因而请过假，并且很享受运动给她带来的快乐和进步。

这个小故事告诉我们，在一个4岁的小孩身上都可以利用性格优势的力量，帮助她克服困难，那在舞蹈课堂中年龄更大一点、认知能力更强一点的学生，也是如此。只要我们能够善于发现和利用他们的优势，一定会有更出乎意料的效果和收获。

## ▷ 附：年幼学生的优势调查表

可以在这个网站上进行测试：www.authentichappiness.org。

如果学生在某一项中得到9—10分，那就是他的优势；如果学生在某一项的分数是4—6分，那这就是他的劣势。更好地知晓孩子的优势，可以帮助我们老师在积极教育的引导上事半功倍。

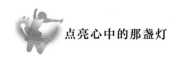

## 04 促进学生优势培养为主的积极沟通

当老师深入了解学生的优势之后，师生之间的对话也会随之发生改变，因为老师已经开始关注学生的优势，并且以此为基础进行沟通。沟通的目的主要是尽可能地表达老师对学生的优势的关注和重视，同时让学生认识到自己的优势有多重要，从而有意识地培养和发展这种优势，并且弄懂该在何时运用它。因为关注点有了变化，在与学生沟通时，一个最行之有效的方法就是积极正面的鼓励和肯定，也可以视为基于优势培养的表扬。

通过与其他从事和推广积极心理学的老师（本国和外国）的接触和交流，我也听到了不同文化背景下的老师对"表扬"这种方式的不同看法，主要分成两种：一种是有些老师会产生担心，认为"总是表扬学生会让他们变得自满，有点小成绩就不继续努力了"；另一种是有些老师则认为，"表扬能让学生产生自信心和满足感，知道自己做得好就能被人看到，这种信念足以支撑他继续努力"。在教育领域，的确存在这样的争议，尤其是当我开始接触教育学和心理学交叉学科的学习时，常常会发现，教学语言上的方式方法与预期目的背道而驰。研究表明，有些表扬确实可能会让学生停留在过去的成绩里，不再上进，但绝不是表扬本身的缘故，还有其他因素共同导致；当然，也有学生在受到表扬后可以继续努力，继续进步。其实这种争议不是为了让谁说服谁，最重要的是，要让学生明白"尽力就好"的道理，意思是说，当学生能够尽自己所能去努力，可能会特别有成效，但也可能效果不尽如人意，老师都应该不吝啬地表扬他。

很多时候，老师并非不知道表扬和称赞的重要性，而是日常的教学工作让他们无暇顾及，或是表扬显得虚假和夸大。实际上，即便有的老师能够称赞学生，那也不过是些敷衍的客套话，对学生来说，根本没有意义，甚至可能会起反作用。

之所以要推广积极教育，是因为它本身就具备能够持续进行且运用表扬所需的各种基本条件，能够实际解决老师们现阶段遇到的问题。只要老师有意识地调整出合适的沟通模式，就能够帮助学生培养他们的优势。在教学过程中，这些调整是必需的。

无论你是老师，还是家长，阅读本书的初衷一定是基于你爱学生（孩子）、爱教育，希望能做最好的老师（爸爸/妈妈），你可能会经常和学生们沟通、交流，也经常鼓励、肯定并表扬他们。但研究数据表明，老师（父母）总是存在这样一种错觉，总是认为自己与学生（孩子）之间的沟通次数足够多了。实际上，频率远没有想象得那么多，效果也没有想象得那么好。研究者曾经做过这样一个实验：当孩子和父母聊天时，让他们猜测对方的潜台词是什么，结果是出乎意料的，竟然有93%的父母和青少年组合都猜错了。就连每天有时间沟通的亲子关系都是如此，那我们这些只能在有限的课堂时间中和学生交流、沟通的老师，对学生的了解更是片面的，甚至是南辕北辙的。

在想法上，你不了解我，我也不了解你，但我们彼此都自认为了解对方，在这种背景下，沟通反而会出现更大的分歧。毫不夸张地说，这种带有明显落差的现象恰恰反映出儿童的优势培养和心理是否健康之间的关系。有这样一个测试，内容主要是针对"沟通"和"儿童大脑发展"的关系的纵向研究，研究对象主要是四至六年级的学生，研究发现，在青少年的成长过程中，身处积极沟通的环境中能够有效地帮助他们提高学习能力、社交能力、决策能力和情绪管理能力。与此相反，如果是长期处在无效沟通、负面沟通或无沟通的环境中，儿童的心理变化会让他们更有可能出现一些心理问题或负面影响。

作为老师，我们总认为自己做得还不错，对学生的态度肯定并不消极，然而，

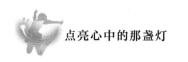

我们必须清楚一点，做得还不错并不等同于做得很好。所以，尽管我们自认为做得还不错，可如果沟通方式不顺畅，缺少关爱和支持，对学生也可能产生负面影响。

看到这里，有的老师和朋友会觉得是危言耸听，毕竟学生的素质培养主要是靠父母和家庭环境，而不是靠老师和课堂，老师能够起到的作用并没有想象中那么多。如果仅仅依靠老师的力量，也只能尽到改正错误的绵薄之力。但我始终认为，这并不正确，老师不能以这种态度去面对学生。

其实，有一少部分老师和学生沟通时的冷漠反应主要源于其天生的负面偏见，或者源于他本身的性格。但作为老师，我们应该用积极的态度去对待与学生的沟通方式和习惯。比如，其他人更关注学生做错了什么，有什么缺点，即便所有人都如此，老师也应该寻找这名学生身上积极的一面。

积极教育的理念能够让老师从主观上远离批评，用鼓励的态度培养学生的优势发展，另外，也能让我们注意到自己是如何与学生沟通，正确看待每一个人的。

之前，有过这样一个例子，有一天，我给机构的学生们做了一个优势美德的测试，让我非常意外的是，有个平日里冷冰冰的、给人以"生人勿近"感觉的学生竟然被测出了具有"幽默"的优势。

我很奇怪地问他："你发现自己平时很有幽默感吗？"

他犹豫了一下，说："我自己知道，但我不会说出来，因为我觉得那是哗众取宠。"

我鼓励他，肯定他，幽默绝对不是哗众取宠，这是一种非常重要的社交优势，能够迅速打破冷场，是高情商的表现。

听到我这么说，他才放松下来，坦然地说："老师，谢谢你，原来幽默是这么重要的优势啊，那今后我可以尝试着对别人说一点我觉得好笑的话了。"

这个小故事告诉我们，学生的优势一旦被他人认可，就有可能得到迅速发展。而且，学生自己也会有意识地运用这种优势。

## ▶ 基于积极教育为前提的表扬

前面一直在讲述，老师要有鼓励、表扬学生的意识，那我们应该表扬学生什么呢？

表扬并不是毫无内容地说好话，有意义的表扬必须具备强化学生优势的三个要素：（1）优异的表现；（2）充满激情；（3）使用频率高。

科学研究表明，一个人从牙牙学语开始到完成学业、成功步入社会的过程，他所受到的表扬和取得的成绩（表现）、带给他的满足感和喜悦感（激情）、内心的积极性（使用）关系密切。适当的表扬可以让学生获得良好的感受，也能够教他们应该如何面对失败、如何调整情绪、如何恢复斗志，足以可见，表扬对培养学生的乐观和坚韧所起到的重要作用。

真正能够起到积极作用的表扬有什么特点呢？核心要素是有助于培养学生的思维模式。可能有人会问，什么是思维模式呢？简言之，就是认为才智等优势是固定的，还是可变的。《终身成长》的作者卡罗尔·德韦克教授认为，正确的、适当的表扬在培养学生的思维模式方面起着至关重要的积极作用。然而，不是所有的表扬都能达到同样的效果，在这里，我主要介绍三种不同类型的表扬。每一种都能够影响学生的思维模式。

### 1. 空泛的表扬

在舞蹈课堂中，普遍存在的（倾向于给予的）表扬相对来说是比较泛指的陈述，如"跳得不错""真好""漂亮"，等等。这些语句在肯定学生方面都是很空泛的，并没有培养他们的优势，也不能帮助学生发现成功所需的优势。比如，"跳得不错"这句评价，并没有指出学生到底哪个小节跳得好，如果再来一次，他不知道如何复制成功的小节，改善不足的动作。故而，这类泛泛的表扬只能起到一定的积极作用，却无助于培养学生的优势。在某些情况下，甚至有可能让学生感

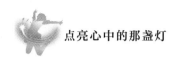

到焦虑和压力。泛泛的表扬尽管肯定学生的部分表现、取得的成就，但不能突出积极优势，并不可取。

## 2. 肯定的表扬

肯定的表扬也叫作表扬过程，即表扬学生所做的具体事项，关注他们的努力、进步、技艺方法。比如，学生把上节课的舞蹈动作完整地重复下来，说明他回家做过功课。那么，泛泛的表扬就是："跳得不错！都记住了！"肯定的表扬则是："跳得真漂亮，相信你回家后一定很专注地练习过每一个动作，今天才能如此完整地呈现出来。"可以看出，表扬的重点是要突出学生努力的过程。

"老师能看出来，你一定在课前就看了多次教学视频，有几个舞蹈动作的注意点，上节课我还没有来得及提醒，你今天就做出来了，这是利用了自己善于观察的优势去学习的结果，我为你感到自豪。"可以看出，这是表扬学生的技艺。

又如，学生某个基本功比上一次做得更标准了。那么，空泛的表扬一般是："挺好的，比昨天有进步，我就知道你能做到！"而肯定的表扬则要更具体、更有效果："从前几天开始，你每天都利用课余时间刻苦练习，今天就看到了坚持练习的成果，真棒！我发现，你身上有一个非常宝贵的优势，是坚毅！"可以看出，老师表扬学生坚持并肯定这个优势。

"你坚持了十个数都没有落下来，进步真快！你究竟做了什么？简直是进步飞速啊！"可以看出，老师表扬学生进步的同时也要强调进步很大。

德韦克教授曾经做过研究，表扬的过程（特指肯定的表扬而非空泛的表扬）是培养青少年成长型思维模式最直接有效的方式。因此，老师需要格外关注学生从失败到成功的过程，这样一来，不仅让学生"做到了"的同时，还知道自己是怎么"做到"的，再之后就可以通过自己的方法复制"做到"的步骤。当"做到"能够持续下去，学生就能够对未来报以更乐观、更积极的态度，也可以更好地应对挑战、面对挫折，也可以变得更加坚韧。

但同样，有时候表扬过程也会适得其反，或许你本人就遇到过。比如，学生想要"做到"就必须非常努力，那么，老师的表扬过程就是："继续努力，继续努力。"如果是这样，学生可能会认为，他必须用尽全力，花费很多时间、很多精力，比其他同学付出更多才能表现得和别人一样出色。为什么会这样？一定是因为他没有这方面的能力，继而陷入自我怀疑和自我放弃。有一段时间，我经常表扬我的女儿小米粥，用的就是基于表扬过程的方法，还时不时加点启发性提问，你是怎么做到的？你是怎么坚持的？妈妈也要向你学习啊……几次之后，小米粥明显开始倦怠了，甚至还不耐烦地说："怎么什么都要向我学习？你是大人，我是小孩，你连这点儿事都做不好吗？"一时之间，我竟然无言以对。

听了女儿的话，我十分困惑，表扬的出发点是好的，然而，表扬过程最终被她看作是对其能力的否定，甚至会心生厌倦，怎么会这样呢？

香港大学的一项研究表明，表扬过程究竟是鼓励学生的发展，还是阻碍学生的发展，非常重要的一点是取决于学生本人是如何看待的。就比如说前面提到的"努力"和"做到"之间的关系。有很多人都相信，努力和能力之间的联系是成反比的，这一类人群认为，天赋高的人不用努力，只有没有天赋的人才需要努力，所以越努力就越说明这个人的能力不行，再延伸一下，努力就变成一件很丢人的事，会让别人觉得自己不够聪明。于是，他们会把"表扬"误认为是对自己能力的不认可。面对这一类学生，老师就尽量不要用类似于"上周的练习很认真、很刻苦"之类的表扬，这句话对他们来说，意味着：因为你没那么聪明，所以才要比别人更努力。于是，他就"理所应当"地不再努力，就是要证明，凭借自己的智慧，一样能取得好成绩。但是不是如此呢？答案不言而喻。

值得一提的是，不只学生会有这样的误解，有这种误解的家长其实比学生的数量还要多，尤其是到了中高段级别。从一开始觉得学生只要努力就一定能有收获，到后期出现怎么这么努力还是做不到的强烈落差感。家长们似乎只愿意相信是孩子不努力，但不愿接受孩子技不如人的现实，于是，他们开始逼迫学生放弃

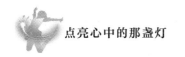

舞蹈学习，又或者是逼迫孩子更努力，丝毫不顾及孩子的承受能力。有一次下课后，有一个母亲曾找到我，说自己的心很累。我问她心累的原因是什么呢，她说，孩子学完舞蹈回到家从来不主动练习，每次都得她提醒，孩子才不情不愿地去练习。几次沟通之后，我发现，其实这位母亲的观念问题比学生的惰性问题更严重。这位母亲认为，学一样就必须精通一样，花费时间和钱财才算"物有所值"。我反问她，你在孩子这么大的时候，学精过哪个科目吗？她不以为意地说，她小时候才没有多余的钱培养特长呢。说到这里，我就明白了，家长的观念中，培养特长就必须要"物有所值"，而不是"陶冶情操"。没过多久，这位家长就中断了学生五年的舞蹈学习之旅，因为她认为孩子在这项特长上并没有学精，也没有"物有所值"。

我经常碰到类似的家长，抱有这种观念的家长基本不会珍惜学生多年的学舞经历。老师应该如何表扬在这种观念中培养出来的学生，并激发他们的优势呢？不妨试试第三种——表扬其本身的特点。

### 3. 表扬特点

表扬过程的核心是关注个人行为，表扬特点的关键是关注并认可人的内在特质，即我就是要"表扬这个人本身"。通常我会这样说：

"哇，××，你跳得真漂亮！著名舞蹈家黄豆豆跳舞时的气场特别足，你也有这样的潜质，要继续保持啊！"

"你现在做不好下腰，说明不了什么问题，就像我也不能下腰，但不代表我不是一个好的舞蹈老师，你只是还没找出战胜它的方法而已。我陪你一起找出适合的方法。放心吧！想想你做得好的地方……"

研究表明，表扬特点可以培养学生的道德品质，再通过这种方式激发他获得成功。比如，称赞学生是个"乐于助人的人"，而不是单纯地表扬他的助人行为，会让学生变得更慷慨、更善良。对一个青少年而言，在成长阶段，个人认知正处在成长、发展的关键时期，当老师表扬了学生的道德优势时，他会意识到这些优势是自身的品质，就更有可能内化这些优势，不断地运用它。这是只表扬他的行为和行为过程所不能达到的效果。

　　然而，回到最终所取得的结果，德韦克教授通过研究发现，表扬特点这种方法并不适合青少年的心智发展，甚至可能导致他们形成固定的思维模式，这样一来，表扬特点反而对他的未来是弊大于利的。这是什么意思呢？举个例子，如果学生认为自己具备某一种特定的品质（如才智），但在这个领域中，他遇到了挑战或挫折，学生不会认为"这样行不通"，要换一种方式接着尝试，而是会很自然而然地解读为，之所以这样是因为他自身有问题，会简单地认定，"与其他人相比，自己不再拥有这份优势了"。从本质的角度出发，这已经影响了他的自我认知，最有可能发生的是，导致他只愿意待在舒适区，不想做新的尝试，不能接受新的挑战。

　　德韦克教授还发现，虽然表扬特点能够让学生在取得成绩的那段时间拥有良好的感觉，但如果遇到挑战和挫折，之前的表扬会成为负面影响，会让学生变得不够坚韧。也就是说，当面对更高一层的挑战时，经常接受表扬特点的学生与经常接受表扬过程的学生相比，他们往往不能正确认识自己的成果，对自己的作品和个人能力无法进行客观的评价，即使已经将任务圆满完成，得到的愉悦感和成就感也相对较低，正是这个原因，导致他们的负面情绪会更多。

　　由此表明，这两种表扬模式各有不足：表扬特点看似是鼓励学生培养良好的道德品质，尤其是在青少年时期，能够获得很好的效果，但同时也有可能会抑制他们未来的发展；而表扬过程可以鼓励学生努力去取得更具体的成绩，但同时对道德发展的影响相对会小一些，甚至有可能会让学生产生误解，认为"去努力"等同于"能力低"，继而造成表扬过程适得其反。面对如此的差异，老师应该选择哪一种呢？我的答案是，老师在遇到实际问题时，要懂得厘清问题的综合性和复杂性，要因材施教。

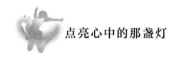

在时间短而课程紧的舞蹈教学课堂上，老师必须采用正确的教学方法。毕竟在那么短的时间里，让老师每次表扬学生之前，都要停下来思考"是采取表扬过程去表扬学生所取得的成就"，还是"采取表扬特点去表扬学生的道德发展"，这显然不切实际，也不符合常理。在我看来，如果表扬立足于从优势出发，就要做到兼二者之长，既不会让学生觉得保持优势会有压力（表扬特点会导致的潜在负面影响），也不会陷入表扬过程的潜在消极面中。

闲暇时候，我也常常思考，学生们不擅长某些事难道不是一件很正常的事情吗？即便是再优秀的学生，在学习舞蹈的过程中，有一些动作做不好，也是很正常的，甚至有可能永远做不好。就比如让学习传统舞蹈的学生，跑去学习动感十足的街舞，他很有可能跟不上节奏，但在民族舞中，他就能跳得游刃有余。这就带出一个问题，如果老师要求学生在每个方面都必须持续地有长进，那就等同于根本没有发挥学生自身的优势。我甚至都怀疑，这种毫无意义的表扬是不是在变相地降低了学生们自主培养优势的意识？当然，这并不可一概而论，与学生本人的能力和意识有着密切的联系。

我认为，表扬的负面主要是因为"二元对立"，这会导致学生的视野变窄。从二元对立思维的角度出发，最好的表扬方式有且只能有一种。无论是空泛的表扬、表扬过程，还是表扬特点，这三种表扬的方式都有利有弊。既然如此，我会更支持一份表扬的"均衡套餐"，就是指合理混用各种表扬方式。我由衷地给各位老师建议，请务必立足于从优势出发，合理运用各种表扬方式，而不是局限在某一种。这样做可以增加老师与学生之间的积极沟通，并促进学生培养积极的情绪应对教学中的种种困难和挑战。

从优势出发的表扬兼二者之长，能够让学生充分理解自己的优势所在。如果学生用了某个优势，让自己成为更好的人或表现更佳时，老师要及时给予多种表扬，既肯定其品质，又肯定其成果。这种方式向学生传达了两个层面的含义：

（1）它认可了学生的行为："你做了这些举措。"——认可学生的所作所为，可以辅助他们更理解行为的具体作用，从而让他们可以自主地重复行为，复制成功。这属于表扬过程。

（2）它肯定了学生的优势："你之所以能够成功是因为具备这些优势。"——肯定才能、技能和积极的个性特征，就等于肯定了他们在具象情境中所拥有的内在品质。这就是表扬特点。

除此之外，学生的优势具体能够发挥出什么作用，也在这个过程中展现得淋漓尽致。不单是要告诉他们已经具备了什么优势，而是让他们清楚，优势不是固定的，是可以后天培养的。这样做的目的是避免让他们陷进思维模式的困局而无法走出来，也不会把自身价值和优势进行捆绑，更不会因为害怕失败就不敢行动。

通过立足于优势的表扬方式，最主要的就是让学生们充分了解将优势运用到生活中、学习中所产生的积极作用，从而鼓励他们取得突出成就，培养优秀品质。

## ▶ 立足于优势的表扬在现实中的应用是什么样子呢？

举个简单的例子：学生在舞蹈考试中取得了非常优秀的成绩，立足于优势的表扬应该是以下这种情况：

"你的坚毅（优势），让你把这段舞蹈从不熟练练习到完全不出差错（行为），真是太棒了。"

"你看，这段舞蹈中有很多小细节，你都处理得特别好（行为），相信你肯定没少观察（优势）教学视频。"

"为了这次考试，从上周开始，你每天晚上都坚持练习（行为），即使已经很累了，但你仍在坚持（优势），好样的！"

"你能够合理地安排复习计划（优势），如果有什么不懂的地方还能够主动来请教老师（行为），需要继续保持，通过努力，动作质感、标准度明显提高了。"

这种既能表扬行为，也点出了优势所在，就是所谓的从优势出发的表扬方式。

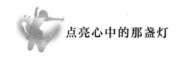

在德韦克教授的著作中，她介绍了她把研究推广到家庭中的情况。她和研究对象的家长一起吃晚饭，借此向家长介绍该如何应用表扬激励孩子，之后开始专门研究家长在晚饭期间用了多少次表扬特点和表扬过程。这项研究长达五年，其间，家长一直坚持用这两种方式对孩子进行表扬。五年之后，她再次对这些孩子进行了思维模式的测试，发现经常接受表扬特点并没有如同理论中那样，让孩子陷进固定的思维模式而不可自拔。德韦克教授认为，这是因为在家庭环境中，孩子能够更自然地相处，且固定模式较为持久，父母会根据孩子的学习进度、认知发展和技能成长，交替使用这两种表扬模式。正是使用了有针对性的、频繁的交替表扬模式，才培养出学生的成长型思维模式。

教学的道路任重而道远，立足于优势的表扬可以让学生清楚自己具有的独特能力，既然老师被称为"园丁""灵魂的工程师"，那么，助力学生活出精彩的人生更应该是老师的终极目标。

## 05 探索积极心理学中老师的存在价值

现代美育教育的基本点是：教学不仅仅是要以学生为本，还必须尊重作为个体的学生所保持的独特性，并培养优势、发展特性，最终实现茁壮成长的目标。这就要求老师需要投入更多的精力和心血。在这种时代大背景之下，老师的职业规划和个人成长尤为重要，努力的方法和追求的方向都发生了巨大的转变。

为了达到这个标准，每位老师都应该首先思考如何能够从"我"做起，先规划好自己的教学方向和人生轨迹，再去影响学生做出正确的选择。其次，老师也要"活到老，学到老"，努力拓展知识面，不断改进教学方法，以期能够适应学生发展的需求。

21世纪已经进入互联网时代，随着教育信息化的推进，教育改革对老师的要求也在改变。首先是专业能力上，如2022年的中小学美育教育新课改内容中提出，小学阶段的舞蹈美育课程中除了安排中国舞的内容，还应该让学生接触至少两个外国舞蹈内容，以满足多元文化的需求。这让专业学习民族舞、古典舞、芭蕾舞出身的老师们捏了把汗，毕竟舞蹈是术业有专攻的，很难实现跨舞种教学。除此之外，还要求老师能够辅助学生提升个人能力，促进所在团体或组织的能力得到提升，形成凝聚力。换言之，就是要求舞蹈老师要内外兼修。

然而，随着我国经济的高速发展，如何让年轻的老师全身心地投入教育工作是面临的第一个问题。

老师在工作中的投入是指老师对本职工作所展现出来的态度和热爱程度。这不仅影响着老师的生活质量和专业发展，也影响着老师的教学质量，继而影响学

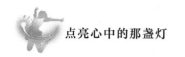

生的茁壮成长。因此，老师要在工作中积极投入正向体验，努力调整情绪、态度，纠正行为，消除或降低工作的疲惫感。老师想要在职业生涯中不被社会淘汰，必须做到持之以恒的努力，做到"活到老，学到老"。既然投入教育行业，往往是出于自身喜爱或理想，即便遇到某些外在的困难，也应该保持积极的态度去应对，并且将工作中获得的体验转化为继续努力的动力。当老师能够保持这种高涨的情绪沉浸在工作中时，自然能够心无旁骛。这在积极心理学当中被称为"心流体验"，也叫作"高峰体验"。

做老师总会有很大的压力，会让我们感到疲惫，但只要休息一会儿就能够很快恢复过来，持续保持旺盛的精力，再次投入工作当中。拥有这种状态下的老师，就拥有了能够改变学生态度的能力，很受学生、家长、同事的欢迎，态度和精神是能够感染其他人的，也能带动其他人，尤其是在学生心中，老师就是要起到榜样作用。

老师在规划职业生涯之前，必须要先确定自己的职业目标。何为职业目标呢？以舞蹈老师为例。树立目标之前我通常会问他们一个问题，就是为什么要做老师。其实不要小看这个问题，这个初衷对日后他们能否长期地投身于教育行业和是否能够成为积极教育者有着直接联系。如果一个教师只是出于谋生或者单纯喜欢舞蹈都不足以支撑起后期漫长且繁杂的教学生涯。无法真正从教育过程中享受到积极教育的价值感与成就感。且另一方面对学生来说这样的老师也不足以担负起"引导者"的身份。这样的教学最后只能以两败俱伤告终。这也是舞蹈教师行业一直流动性大的根本原因之一。

想要完成自己的职业目标，老师必须避免陷入这种误区，认清自己的能力，建立积极的态度，全身心地投入执教生涯。

从社会发展和老师自身发展这两个角度出发，每位老师从执教生涯开始时，就应该用科学的方法规划自己的职业生涯。

## ▶ 建立积极投入的老师生涯

积极心理学的相关研究为广大老师做出了具体的启示，主要是以下两个方面：

**一是从舞蹈老师自身发展的角度出发，充分认清自身优势、特质，并且要发挥个人优势和才能。**

首先，积极心理学认为，个人优势和才能必须得到充分发挥，这是收获成功、获取幸福的前提和基础，积极投入的老师职业生涯的基础是要发挥老师本身的优势和才能。故而，每位老师在入行之前都应慎重选择，应该事先了解自己的优势、特质是否符合老师这个行业的发展要求，如果不符合，不应该强迫自己，而是去重新寻找适合自己的职业。如果优势、特质符合老师这份职业的要求，应该充分地发掘它，且在工作中扬长避短，努力去解决问题，继而积累成功的经验。在执教的过程中，老师必须主动进行情绪管理与调节，以保持积极的情绪投入工作，努力改进不足、纠正错误，发扬优秀的特性。通过这些举动，去影响学生发扬优势。

其次，在实践过程中要注重积累成功案例，借此来提升老师的能力，促进自己能够更积极地投入。

1. 在团体氛围中促使教师成长。团队的支持能让老师不断积累成功经验，这样做可以极大地提升老师的自我效能感。

2. 营造积极向上的团队氛围。面对困难时拥有积极正面的精神，可以更好地激励老师，让他们不怕困难，勇往直前。

3. 不忘初心，让老师时常能够重温自己年轻时的理想。任何一名老师在初入教职生涯时，都怀揣理想，可以时常让他们看到自己的工作成果，即便是学生一点点的成长，对老师来说，都是对理想的认可，并且能对未来充满希望。

4. 形成团队凝聚力，建立良好关系，发挥团队协作作用。

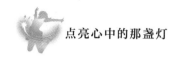 

积极的人际关系是获得幸福感和正面情绪、积极心态的重要来源。新入职的老师在初期肯定会遇到很多问题，比如教学经验不足、新环境不太适应、教学考核不过关等，都会让新老师倍感压力。面对这些难题，除了自身进行调整，来自社会和他人的支持能够减少对个体的影响，降低压力。越是关键时刻，周围人的支持和鼓励越重要。和亲朋好友聚会时一起谈谈工作中的困难，可以帮助他疏解负面情绪，维持情绪平衡。除此之外，师生之间、同事之间和学生家长之间的良好关系，都可以成为老师积极投入的助力。

**二是站在学校、机构和老师之间的关系角度，学校、机构更应该鼓励老师做好职业规划，辅助老师能够更加积极地投入工作，充分发挥学校、机构的引导作用，让老师爱上所在的学校、机构，爱上教育教学工作。**

积极心理学认为，积极的组织系统是保证其中个体发挥自身特质和优势的基础，一个优秀的组织必须具备辅助成员获得更好体验、更大提升的特性。对老师而言，学校、机构是开展职业生涯的重要平台，但学校、机构不仅要发挥平台作用，还要努力成为老师实现理想的助力。老师的职业规划应该和学校的发展目标一致，或者大部分相同，这样能做到事半功倍。因此，学校、机构理应对老师进行职业规划培训，建立完善的导向机制以辅助教师规划自己的职业生涯，让他们充分了解职业发展和前进方向。学校、机构提供足够多的培训，既提升了老师的教学水平，也提升了老师的成就感和幸福感。

人们常说，老师是无私奉献的职业。但现实生活里，如果老师感受不到自我价值和成就，他们不断地陷入挫折和自我否定，哪里还有多余的爱与关怀奉献给学生呢？

爱满则溢，拥有更多爱的人更愿意分享和奉献，正向互动能够获得更多、更美好的幸福感，这是一个良性的循环。同样地，如果老师自身拥有较多的成就感和幸福感，在生活中充满活力和正能量，自然就能把这种情绪传递给学生，学生受到感染而变得更有活力，更愿意积极投入。

当然，任何人都会在日常生活中出现倦怠感，比如，老师每天早出晚归，非常辛苦；又如，个别学生或家长不能理解，不愿配合；再如，网络上存在关于教育行业的负面信息、负面评论。这种情绪越积越多，自然会让人们的内心产生倦怠，从而陷入消极情绪而不可自拔。于是，我们开始深深地怀疑，积极心理学为基础的积极教育能够彻底实现吗？

对生活的无力感是一种个体可掌控的行为，具体成因如下：

**1. 遗传因素**

在每个人的身体里，都存在着能够感知幸福且非常稳定的基因。科学研究证明，人是否能够感受幸福，有一半因素是由遗传基因决定的。换言之，人类自身具有一个感受幸福的范围，如果人体情绪高昂（情绪低迷），最直接的反应是过度兴奋（过度沮丧），基因能够将幸福感的感知水平拉到正常范围内，即情绪调整。

国外有两个非常典型的研究实验：第一个实验，追踪 22 名中了大奖的人。最开始，22 个人都表现得非常开心，幸福指数暴涨，但过了几个月，他们的幸福指数都降回到了原来的范围之内，赢得大奖并没有让他们比普通人觉得更幸福。第二个实验，调查重度残障人士对生活幸福度的感受，有 84% 的残障人士表示，和普通人相比，他们在生活中虽然有很多不方便的地方，但并未因此而影响他们收获幸福的能力。综合看来，无论是遇到好事还是坏事，过了一段时间之后，人们会调整自己的情绪，感受幸福的能力会回归到平均值。这就是人类遗传基因中存在的 50% 的感受能力，每个人都不会有太大的差异，我们不能改变遗传基因带来的能力和限制，但我们可以改变遗传基因之外的 50%。

**2. 生活环境**

在很多人的认知里，对幸福本身存在着某种误解，认为想要获得幸福感就必

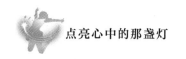

须依赖于物质条件，严重受到外部环境所影响。现实中，生活环境（如物质基础、健康状况、社交情感、婚姻等）并不是影响幸福感的主要因素。积极心理学通过科学研究发现，只有10%左右的幸福感是根据外部生活环境的优劣而决定的，最让人想不到的是，物质是否充沛和是否健康几乎不影响幸福感的波动。当然，如果是特别严重且长期的健康问题，或者是根本就保障不了温饱，那势必会降低幸福感，这一点也是毋庸置疑的。

在现实生活中，会影响幸福感的因素特别多，其中，影响度最高的有两项，即社交生活和婚姻状况。国际积极心理学联合会名誉主席塞利格曼明确地指出，与普罗大众、感到不幸的人相比较，感觉特别幸福的人往往拥有充实的社交生活。用咱们的话说，这种人就是"好人缘""社交达人"。社交达人能拥有很多朋友，往往是因为他们本身就很擅长解决各种人际关系，同时，还能积极解决家庭矛盾，获得幸福美满的婚姻生活。仔细观察一下，看看周围是不是有这种情况。

故而，老师想提高自己的幸福感，就需要多去参加社交活动，扩大自己的交际圈，努力建造良好的、愉快的、正向的工作关系，和同事和谐共处；努力经营亲人之间的关系，提高婚姻的幸福指数，让家庭更加美满，从而收获幸福。这样一来，不仅能够解决后顾之忧，还能从家庭的日常生活中汲取能量。

对老师而言，师生之间的互动也能成为获取幸福的"资源库"。学生代表着年轻力量，与他们之间建立良好的互动，能够充盈生活，使之丰富多彩，并且能让心态变得更加年轻，自然就能在执教生涯中收获幸福。

### 3. 个体的可控制行为

积极心理学通过研究发现，遗传基因和生活环境这两个因素让我们在未来的人生里有所作为的空间并不大，想要提高幸福感，就应该把重点放在第三类因素（个体的可控制行为）上，美国心理学家索尼娅·柳博米尔斯基通过研究发现，第三类因素能将人的幸福指数提升40%左右。换言之，我们要懂得如何控制自己的思维和行动，获得更多的积极体验和情绪，从而有效地提升幸福的上限。

　　情绪不仅仅是指我们此时此刻的感受，还包含过去的、未来的。比如，过去所获得的积极情绪，包括成就感、幸福感和内心的平静；现在正在感受的积极情绪，包括快乐的笑容、奔放的热情和内心的愉悦；未来即将获得的情绪，包括希望、信心、信任等。这三种情绪并不相同且关联并不紧密。所有人都希望自己能在过去、现在和未来收获幸福，但不如意事常八九，这是我们无法改变的。曾经遭遇过不幸的事情，会在心里留下难以挥去的悲痛体验，即使过了很久，也仍然心有余悸。这份巨大的心理伤害会让人们变得消极，只能无奈地接受现状。然而，人类的发展史有成千上万年，经历过很多次重大灾难，无论是天灾还是战争，总有人能够坚强地面对，在创伤之后，依然保持着旺盛的热情笑对人生，他们是怎么做到的呢？同理，还有很多人衣食无忧，过得平淡却顺遂，但他们仍然不开心，甚至会陷入情绪低迷的旋涡走不出来，这又是为什么呢？这些现象值得我们深思。

　　大家总把"幸福""快乐"和"享乐"画等号，把这两种情绪当作幸福，这些都是错误的认知。可能会有读者觉得奇怪，在日常生活中，幸福感和一时的愉悦感总是被混淆在一起，但实际上，愉悦感包含在幸福感之内，而幸福感被定义的范围要比短暂的愉悦感更加广泛。幸福感是在情感体验到愉快和认知评价得到满足时产生的感觉，往往在各个方面都能感受到，如亲情、爱情、友情、工作、表现、健康等，且能够助力我们收获成功。道理很简单，有了幸福感，就更有了动力，就更容易去投入，这是一个良性循环。

　　说了这么多幸福能够带来的好处，老师又应该如何在工作的过程中获得幸福感呢？被称为"积极心理学之父"的塞利格曼在自己的著作中曾经提出过幸福的公式：

　　幸福＝遗传基因＋生活环境＋内心满意和骄傲

　　幸福不等于满足现状。或许现阶段我们能够感到幸福，但对过去有很多遗憾，对未来有很多不确定，我们能做的是要通过情绪调整去面对未来，让自己以积极

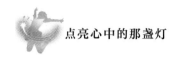

的姿态拥抱未来，收获更多的幸福。

老师在执教之前并不是一张白纸，他们对过去有什么看法、对现状是否感到满意，以及对未来拥有什么期望，皆因人而异，关键是他们用什么态度去看待会遇到的挑战和困难。如果能够拥有积极的态度，无论在什么时候，老师都能够获得正向的情绪体验。所以，如果老师想调整自己的思维和行动，就必须先调整看待问题的视角，将焦点放在事情的积极面，这样一来，就能让自己时时刻刻都停在幸福范围的最高点。

除了上述的幸福公式，塞利格曼还提出了"幸福五要素"（积极情绪、投入工作和生活、人际关系、意义和目标、成就感）。他的观点是：要想收获幸福，需要从生活中找到更多的乐趣，比如对事业更用心，去做更有意义的事情，获取成功。

曾经有人这样比喻："如果有一缕阳光照在镜子上，镜子就能反射出一片天空。"如果把学生视为"镜子"，老师就应该成为照亮他们的"一缕阳光"。所以，作为传递美的舞蹈老师，我们更应该用快乐的情绪、积极的心态面对学生。这么做是有原因的，只有自己充满了正向能量，才能让学生在学习舞蹈的过程中收获幸福感。越是遇到困难和挑战，老师更应该表现出乐观的心态，为学生做示范，成为他们的榜样。

举个例子：一位学生在自习课时捧着书睡着了。看到这幅场景，有人会说，学生真刻苦，看书都累得睡着了；也有人会说，这个学生可真差劲，一看书就睡觉……其实这只是一个案例，无关那名学生睡觉的原因是什么，前者以赞赏的眼光看待并发出感叹，后者则是用否定的态度对待并提出批评。同一件小事，旁观者因为不同的态度和角度得出了截然不同的结论。由此，我们是不是也能推断出某些老师对待学生有不同的态度的深层原因呢？

如果老师能调整思维模式，用"人人都可成才"这种态度去面对所有学生，而不是因某一个举动在态度上就发生明显的偏差，这样做，能够迅速使教育教学工作达到理想效果。

我非常喜欢费孝通先生在著作《乡土中国》中写的十六字箴言："各美其美，美人之美，美美与共，天下大同。"

作为一名舞蹈老师，我们应该在日常教学过程中，努力帮助后进生找到自身的优势和特征，加以鼓励，而不是陷入重复性的纠正错误。后进生来学舞蹈，肯定也是因为有兴趣，当他们知道自己的优势特征在哪个方面，且得到了老师的认可，会逐渐变得自信，也会产生成就感，很有可能会收到意想不到的效果。

还记得曾经读到过著名数学家华罗庚和老师王维克之间发生的小故事，小华罗庚很顽皮，不好好做作业，字迹很潦草，很多老师都不喜欢他。到了初二，王维克担任他的数学老师，那个时候，华罗庚已经成为年级有名的"刺头"，但王维克发现，尽管华罗庚的作业本上字迹潦草，解题过程有很多涂改，可那些涂改正是华罗庚在演算过程中的思考。其他老师都因为华罗庚的作业字迹潦草而断定他不好好学习，王维克老师却能从这些潦草的字迹中看出华罗庚的数学天赋。通过王老师的引导，华罗庚对数学产生了浓厚的兴趣，最终成为我国著名的数学家。

王维克将积极心理学的概念带进教学的过程，培养出像华罗庚这样伟大的数学家。其实在当时，或许王维克老师并没有意识到自己运用了积极心理学，他只是选择用欣赏的眼光看待每一位学生，发现他们的优点，并且不放弃任何一个学生。在接受采访时，他指着操场上的学生这样说："在这群学生里，有人喜欢书法，也有人喜欢画画、演讲，还有人喜欢做数学题。有的学生总是问十万个为什么，也有学生会选择自己思考……他们都是不同类型的天才。只要老师发挥启发和引导作用，培养学生尽全力做好自己喜欢做的事情，锲而不舍，坚持十年、二十年……他们怎么可能不成为优秀的专业人士呢？"

在这里，我真心想请诸位舞蹈老师，乃至各学科的智慧之师们，莫把松苗当蓬蒿！每一位老师都应该具备发现学生优势的慧眼，从而帮助他们开发潜能，成

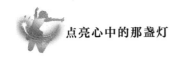 

就未来。然而，这些事情说来容易，想要做到、做好并不是件容易的事情。积极心理学的理论和方法能够给我们提供相应的理论和技术上的支持，对教龄长、年长的老师而言，他们的思维模式几乎固化了，要想有所改变，就需要系统地学习积极心理学的理论和方法。

### ▶ 在具体教学过程中，舞蹈老师要怎么做？

我整理归纳了四个关键点给老师们作参考，具体如下：

**1. 调整情绪，将"爱"和"包容"作为标签，发展出老师的性格力量**

随着国家对美育教育逐步重视，家长让女儿（在舞蹈教学中，学生大部分是女孩，男孩在比例上来说相对比较少）学习舞蹈的热情与日俱增，即便今后不走舞蹈专业的路，也能让孩子从小保持良好的体态。不管家长最初让孩子去学习舞蹈的初心是什么，舞蹈老师心里都清楚，舞蹈是一个非常依托于天赋优势的门类，有句话叫"老天爷赏饭吃"，这个特点在舞蹈教学中尤为明显。在挑选学生时，各类舞蹈专业院校都会有相应的硬性标准：三长一小，即腿长、手臂长、脖子长、头小。在这种教育体系下培养出来的老师，在教学过程中，不自觉地就会被外形条件好的学生所吸引，而忽略了其他学生，尤其是天生不适合学习舞蹈的学生，如软开度较差、肢体不协调等。和那些体型出色的学生相比，这类学生常常会在课堂上制造出一些麻烦，如影响其他同学学习、给教学进度拖后腿，等等。所以，老师在看待这些学生犯错时，情绪必然受到影响。

有一次，我和机构的老师闲聊，就聊到了班上具有代表性的学生。

她说："最近我很烦躁，班上有几个学生身体条件很好，表现力也不错，可是基本功非常差，回家还不愿意多练习，怎么说都不听……"

我问："你有没有用什么办法，想方设法地提升他们的基本功呢？"

她说："我每次上课都有针对性地给她们几个人施压，并再三强调，表现力再好，基本功差，有什么用呢？基本功好才能和表现力相匹配……"

这种方法，是不是很熟悉？通过不断强调想让学生重视起来，"你应该如何如何""必须如何如何"。

每个学生都有自己特有的性格特征。在积极心理学中，尽管性格力量从某种意义上说是特质性的，具有显而易见的个体差异，但国际积极心理学联合会名誉主席马丁·塞利格曼等学者都不认为性格力量是恒久不变的，更不是来源于不可逆转的生物遗传学。换言之，具有表象的性格特征并不是长久不变的，它会随着环境的变化而变化。在整体的教学过程中，老师总是要面对成绩不太突出的学生，但不能将不满的、消极的情绪挂在脸上，要学着将"爱"和"包容"作为自己的标签，发展出属于自己的性格力量。"爱"和"包容"能够让师生之间的关系更加和谐，学生能感受到被爱、被重视，老师能够给予更多的赏识和支持。这两种性格力量与严格要求并不冲突，是对学生更加珍贵的情感体验。

### 2. 立足发扬优势品德，避免用成绩作为衡量学生的唯一标准

为了应对考试，很多老师都会将考级成绩、比赛成绩、汇报课成果当作衡量学生的唯一砝码，是对自己的专业度的衡量定位，这种价值取向并不科学，只会让老师的视野变得越来越狭小，不能对学生进行全面的评价，也容易忽略学生的优势特点。

在积极心理学的理论中，无论是谁，都蕴含着积极的人格品质，只不过是有所差异而已。著名的苏联教育家瓦·阿·苏霍姆林斯基说："我教过成千上万的学生，给我留下印象最深刻的并不是那些千篇一律的、成绩好的学生，而是那些个性鲜明、与众不同的学生。"在教学评价里，老师要避免把成绩作为衡量学生的唯一标准，更不能忽略学习的过程。舞蹈是在舞台上展现肢体美的门类，但台上一分钟，台下十年功，舞台表现是一种评价，学习过程是另一种评价。

因此，老师要用动态的、平等的、没有任何杂质的眼光看待每一位学生，要

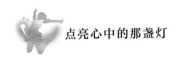

将注意力更多地放在学生的优势上面，发掘闪光点，并及时给予肯定和表扬。当学生得到了老师的关注和认可，自然会更有动力去主动学习。

前文中提到的机构老师，我与她沟通的目的是想让她看到传统教学和积极教育的不同。之后，她慢慢放弃了批评教育，转而积极地寻找学生的优点，哪怕只是很细微的闪光点，她也及时给予了鼓励和肯定，渐渐地，那几名学生找到了学习舞蹈的乐趣和动力，成绩自然也有所提高，但更重要的是，她们在舞蹈中绽放了最灿烂的笑容。这就是从生命中迸发出来的热爱。试想，如果老师并没有改变高压政策，或许她们早就放弃了，毕竟谁也不想天天活在他人的批评里。

### 3. 转变态度，关注积极优势，遇到问题也要做出积极的解释

很多舞蹈老师都有过类似的经历：当学生表现出不良的行为习惯时，自己总会做出消极解释，无法做出积极反应和解释。比如：当学生不好好练习，我们就在心里认定，他就是不求上进；他的自律性比较差，我再怎么努力敦促都没用；没准这名学生就是故意和我作对，等等。出现这种情况，主要是因为在老师的认知中，本身存在自己的种种假设，没有客观地看待学生，也没有正确看待问题。如果老师了解了具体情况，如学生是不是累了，昨天晚上是不是没休息好，身体是不是不舒服，继而根据具体问题关注积极面，做出积极解释，如学生身体不适的情况下还来上课，说明他对自我要求很高，很有意志力。这么做肯定比批评的效果要好一些。

积极心理学主张，不能过分强调个人出现了什么样的问题，而是要对这些问题做出积极的解释，让个人在问题中获得积极意义。这是什么意思呢？学生也不是完美的人，每位学生或多或少都会出现一些问题，上课走神、偷懒是舞蹈课堂中最常见的现象，且屡禁不止。但面对这种状况，老师们的态度截然不同，如果是后进生偷懒，通常老师会没什么耐心，并做出消极解释；如果是优等生走神，老师通常会做出积极的解释，也会相对更有耐心……如此看来，老师本身拥有对

问题做出积极解释的能力，不过要看对象是谁罢了。

作为教师，我们不能放任自己的情绪，应该努力做到对所有学生都表现出一视同仁，从多个角度考虑他们出现问题背后的真正原因，并做出积极的应对。当我们尝试这样做了，便和学生都从问题中获得积极体验。

我带过的一个启蒙班，其中有个学生叫皮皮（化名），这个学生胆子特别大，在她身上你根本找不到"怕生"这种情绪。第一次上体验课时，她就随便插话："你们教的东西这么简单吗？""这个动作不是这么做的，你们连这个都不懂？"诸如此类，频繁打断我的教学，让我哭笑不得。后来，因为她总是影响课堂纪律，我只好把她安排在教室的最后一排，就是为了让她别影响其他同学。直到通过一件事，我对她的看法才开始转变，当时，一个刚进幼儿园的小孩来班级上体验课，没有其他位置了，只好安排她坐在这位"混世小魔王"的旁边，我很好奇她们俩遇到会发生什么。结果让我很吃惊，一整节课，皮皮都在照顾旁边的小妹妹，告诉她勾绷脚要怎么做，坐姿位不能乱动……舞蹈实践时，刚好需要两两配对进行练习，皮皮毫无保留地尝试带着小妹妹做舞蹈动作，其间，竟然还向我投来了求助的眼神……

随着我对她的了解逐渐深入，才知道她的情况：皮皮在家里是老二，上面有个年龄差距很大的姐姐，平时在家里，妈妈和姐姐对她的管教都很严格，导致她十分渴望被关注、被理解，并能够获得一定的自主权，所以她在课堂上才会有那些举动。了解这些之后，我们的相处变得越来越和谐，尽管我没有给她调换位置，尽管她偶尔还是会打断我的讲课，但每当有新同学来上体验课时，我便将新同学安排在皮皮旁边，皮皮也很乐意带着新同学做练习。再后来，皮皮还会在课前跑到我面前问我要个"爱的抱抱"，有时还会说："周老师，我给你起了一个新名字，以后我想叫你跳舞妈妈……"

诚然，学生在课堂上会做出一些不遵守纪律的行为，这是原则问题，老师不能忽略，但我们不是要强硬地阻止，而是更应该找到根源，从他们的行为中看到

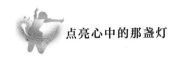

存在的优点。比如，上课喜欢讲小话的学生往往在同学中有很强的号召力，这是不是体现出他们有很强的领导组织能力呢？做出积极解释，不仅能让老师对问题学生另眼相看，找到他们身上的优点，如果能多用表扬和鼓励的方式，还能让学生获得积极的情绪体验，能够自主地、更快速地回到"正轨"。就像皮皮，"魔王"和"天使"往往就在老师一念之间。

**4. 营造和谐的集体氛围，促进学生主动学习**

在当下的教育环境中，老师普遍更注重结果而忽视情感教育，故而，师生关系多少都变得有些紧张。这样的师生关系不可避免地会导致老师出现消极情绪，认为自己是吃力不讨好。很多学生，甚至是那些看上去很优秀的学生，都是被动地学习，或许他们本身对舞蹈并没有兴趣，因此舞蹈教学质量很难得到提升。美育教育是这样，学科类教育亦是如此。西方有位学者这样说："人与人的关系也是一种生产力，良好的师生关系对提高教学质量和发展学生的身心健康起着不可替代的作用。"积极心理学也有类似的主张，课堂亦是浓缩的社会，积极的社会关系从本质上也能够促进学生当下更好的表现和未来更好的发展。尤其是年龄尚小的学生，很多时候坚持的出发点是对教师的喜爱和依恋，一段良好的师生关系有时甚至可以让一个孩子终身受益。所以，老师在日常的教学过程当中，不要仅仅根据教案完成教学任务就万事大吉，也要尽可能地营造一个良好的教学氛围，经营好师生之间的关系，促进班集体的关系融洽。

在营造的过程中，老师应该要注意两点，具体如下：

（1）打破单一的知识动作传授的模式，在心里树立一种服务意识。从古至今，中国一直崇尚尊师重道的传统思想，但如今已经进入了知识爆炸、追求多样化的信息时代，尊师重道的思想似乎显得过于保守了。作为新时代的教育机构，我们是不是可以提升和改变教育模式，以适应当前社会的需求？我曾经听一个学生抱怨她的语文老师，说她总是给学生布置很多课外阅读的书单，可这位老师似乎从不看书，平时都是一边拿着手机追剧一边批改作业，时间久了，学生自然也就不把她布置的课外阅读当回事了。像这样的老师只是特例。其实，作为老师，可以在课堂之外适当地放下架子，以一个共同学习者的身份引导学生和自己共同学习。比如，像那位语文老师，如果她希望学生能够多阅读，完全可以在课外组织共同阅读的沙龙，师生坐在一起，阅读图书，畅谈读书感受。作为舞蹈老师，我们也可以组织同学共同观看舞蹈视频，交流心得，相信这样的改变一定有超乎预期的收获。

（2）关注学生的情感需求，及时给予适当的鼓励和肯定，使用批评和比较一定要慎之又慎。很多学生都遇到这种情况，刚开始投入学习时，都抱着很大的兴趣和期待，但过了一段时间，这种学习自主性会不由自主地下降，一方面是因为学业的枯燥让他们打了退堂鼓，另一方面就是他们无法找到继续努力的动力。在这个过程中，老师的作用不可小觑。有的老师采用传统的批评教育，看重成绩，这无疑打击了部分学生的自尊心和主动性，甚至让他们对学校产生厌烦、逆反心理。而如果老师采取积极教育，可以在教学过程中尽可能地制造机会，让学生收获正面的、愉悦的、有成就感的体验；努力关注学生的情感需求，多肯定学生的进步，鼓励他们继续向前；当学生遇到问题时，不能盲目批评，要做出积极的解释，帮助他们解决问题。还是那句话：要相信，没有一个学生想把自己的学业搞砸，老师就是要提供促使他们收获成功的助力。

第二章

播种美育

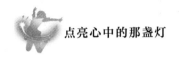 

## 01 从优势脑科学剖析舞蹈学习过程

教育者要充分了解大脑的学习机制，才能知道什么学习方式对学生最有利。

### ▶ 什么是优势脑？

德国著名哲学家黑格尔在著作《美学》第一卷的开篇就一针见血地指出，美学是研究艺术美的科学或哲学，美是理念的感性显现。与此同时，他在著作中用大量的篇幅着重介绍了艺术美的理念，明确指出"想象"这种能力是最杰出、最难以复制的艺术本领。

感性认知包含了感觉认知、知觉认知和表象认知，它并不仅仅是描述感觉，其中，表象认知才是重中之重，因为它是联结感性认知和理性认知的媒介和纽带。理性认知的想象和思维有很多内涵，包括但不限于艺术概括、抽象、理念、思想等方面，它们都是美学研究的主要对象。美和艺术之所以都与感性、感受相关，又或者说，美和艺术都是感性的，能够让人们有所感悟，主要是因为美和艺术都与形象有关。

因此，与其说美学是一种研究感受的科学，倒不如说是一种研究想象或意象的科学更为准确。美和艺术一定不仅仅停留在感受层面上，也需要人们借助想象、形象思维或者理性思维，甚至可以说，想象和意象才是美和艺术于精神世界存在的本质。舞蹈心理学和美学、艺术学一样，不仅需要研究感觉层面，还要重点研究想象层面，因为艺术来源于想象思维，甚至毫不夸张地说，艺术创作和艺术鉴赏，都离不开大脑的想象，艺术的本质就是想象。我们如何梳理想象思维的运作机制呢？那就需要从了解人类的大脑机制开始。

人类大脑的左右半球在分工与协作方面十分科学，都蕴含着感觉和想象、感性和理性的心理机制问题。

1981年，斯佩里博士有了一个惊人的发现——人脑的单侧化现象，凭借这项成果，他于当年获得了诺贝尔奖。什么是单侧化现象呢？简言之，就是指大脑的左右半球能够做到分工协作。对绝大多数人来说，大脑左半球主要是负责处理语言文字、逻辑思维等方面的信息加工，右半球主要是负责对非语言文字类的信息进行加工，如情感、想象等。大脑所做的信息加工并不是单一的，举个简单的例子，双眼在工作时，其实只有一只眼睛起到主要作用（优势眼），另一只眼是承担辅助作用（非优势眼）。那么，根据视神经交叉的生理机制，优势眼对应的大脑半球就是"优势脑"。右利手（右撇子）的语言中枢在左半球，少数左利手（左撇子）的语言中枢在右半球。在很多俗语中，总是认为左撇子更聪明，但实际上，语言能力、逻辑思维能力和智力与是否是左撇子的关系并不是绝对的。单侧化规律并非绝对的存在，而是相对的、可变化的存在，尤其是在儿童时期，或是在儿童单侧脑受损时期，这些都是可变化的。比如，我上小学时，有个同学右手骨折了，要休养几个月，其间，他不能用右手写字，只好用左手写，从一开始歪七扭八到后来也能写得十分工整。不过，学习知识的能力没有换手写字那么容易训练，见效也不会那么快。当然，当人在成年（大脑发展已经定型）之后，左脑受损，就会给大脑造成永久性的损伤，如失语症、耳聋、偏瘫等。由于大脑皮质机能单侧化发生了变化，因此在大脑局部受到损伤时，人类的高级心理过程出现障碍的大部分症状都是出现在大脑左半球上的损伤。而左半球的单侧化现象也使人脑的组织作用与其他动物脑有着明显区别，毕竟，动物的行为通常和言语活动并不一定存在必然联系。

毫无疑问，舞蹈教育和其他美育教育能够起到助力开发右脑想象力和创造力的重要作用。当然，也有人说，学习舞蹈能够更加开发左右脑的协调能力，其实

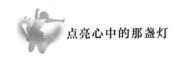

这一点助力并不明显。事实上，无论是科学的创造，还是艺术的创作，都离不开人类大脑的想象力。

大脑是人体最复杂、最重要且占据主导地位的器官。曾经有一种说法，认为人类对大脑的开发只有不到 1/10，虽然科学家们认为这个说法并不准确，但也印证了人类对探索大脑潜力的渴望和它本身具有的神秘之处，毕竟，现在的科学研究并没有完全掌握开发它的方法。在人体内的所有器官中，大脑的再生功能最强，也最富有潜力，同时它的消耗量是所有器官中最大的。别看大脑的重量仅仅只占人类体重的 2%，然而，它的耗氧量可以达到全身耗氧量总数的 25%。除此之外，只要我们还活着，大脑是 24 小时不间断地工作，即便人已经休息了，大脑都不会停止运转。

我总结了在舞蹈教学中需要结合的脑科学研究所发现的功能和原理，具体如下：

### 1. 神经元

人类的大脑主要是由神经元构成，在 20 世纪上半叶，西班牙科学家圣地亚哥·拉蒙－卡哈尔首次发现神经元，他也因此被誉为"现代神经科学之父"。在此之后，有更多的科学家投身于研究神经元的队伍，也更加了解大脑工作的原理：大脑能够近乎完美地自主运行，都是取决于神经元这个单位的工作特性（收集信息、加工信息、传递信息，以及支配效应）。

神经元的研究成果对教育有着巨大的启发作用。人们认识到，大脑中的神经元总量十分庞大，还具备很强的再生能力。曾经有一项研究数据震惊了无数人，一个人的大脑储存容量究竟有多大？它等于 1 万个拥有 1000 万册藏书量的图书馆，按照现在更依赖电脑的习惯算法换算过来，是 250 万 G 个字节。这么看来，我们真正开发的大脑使用度的确不多。必须要充分了解神经元的工作原理，才能更有效地开发人类大脑的潜能。

在青春期之前，大脑神经元生长速度比较快，在青春期时，生长速度逐渐放缓。其间，神经元逐渐展现出它的两种特殊的功能：有实际用途的神经元的连接越来越巩固；无用的神经元的连接越来越弱，并最终消失。学者大卫·苏泽根据研究结果提出，在经验的基础上，人类的大脑会有选择地进行强化记忆或削减连接，这是人类用脑的基础，也是神经元工作的原理。从实质上说，学习的过程就是大脑建立连接的过程，经过频繁的重复和训练，这种连接会变得更为强化。

随着科学研究越来越深入，科学家们对神经元的运作原理和特性也有了越来越全面的了解。脑科学家达蒙和霍普森发现，大脑的发展有个关键期，叫"机会之窗"，这个词语听起来比较文艺，实际上是指儿童在外部环境中接受了特定的输入信息后，会自主在大脑里进行创建和巩固，这段时期与发育期高度重合，更是神经网络发展的关键时期。如果这段被叫作"机会之窗"的关键时期结束了，那原本应该发展成神经网络的脑细胞就失去了功能，有可能直接被消除，也有可能会被调走去执行其他任务。孟子门下弟子乐正克在教育文章《学记》中写道："时过然后学，则勤苦而难成。"意思是最佳学习的时间过去了，后面必须勤学苦练才能达到。现如今，"机会之窗"的关键时期被科学研究所确认，于教育而言，是非常重要的。毕竟大脑的学习能力在不同时期会有一些变化，及时抓住关键时期，能够针对某一种能力专心训练，并且达到事半功倍的效果。

达娜·萨斯金德既是一名儿科大夫（教授），也是芝加哥大学儿童人工耳蜗项目的负责人。她在自己的著作《父母的语言》中提出，人类的语言能力（学习和表达）从出生至5岁是第一个关键期，5岁至12岁是第二个关键期，12岁之后，要培养语言能力相对来说会觉得困难。通过研究数据表明，5岁儿童的词汇量能达到3000个以上。

这些研究都说明，神经元对学习不同技能起到重要作用，只有充分地了解它、认识它，才能更好地指导和践行教学工作。作为一名老师，主要面对的就是很多

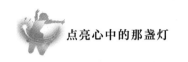

低年龄段的学生，通过执教，也清楚地发现同龄人之间的各种能力有惊人的差异，故而，在课堂上适当地做引导，是提高学生能力最好的途径之一。

早在1997年，就有研究人员提出了"长时程增强效应"的科学理论。这种效应是指已经积累了经验的神经元之间，在经过一段时间的磨合之后，突触连接可以得到正向强化。举个简单的例子，有时候我们看到某些场景，会唤醒大脑浅层的记忆，突然想起那些已经被遗忘的事物。原理就是神经元曾经对此有过连接（或相似连接），能够轻易地被唤醒并释放第二次神经冲动，激活原本发生过连接的神经通路。次数越多，连接就越发巩固。通过这个原理表明，当学生在学习时，大脑里的神经连接已经发生了惊人且迅速的变化，甚至不被人所察觉。因此，老师在为学生建构教学方法的同时，必须注意到是否能有效地影响变化的强度和持续时间。只要不断学习，大脑内的神经连接就会不断发生改变。如果老师在课堂有限时间里，设计出行之有效的教学方法，能够牢牢地吸引学生注意力，并敦促学生持续学习，就能取得良好的教学效果。

### 2. 边缘系统、海马体和杏仁核

脑科学学者通过研究发现，在大脑皮层的下中枢有这样一些脑补组织——边缘系统、海马体和杏仁核，它们对控制情绪起到重要作用。

边缘系统位于大脑中脑干以上、小脑以下的位置，且存在于左右脑中，以成对的形式出现，它们对情绪有着独特的影响；海马体和杏仁核则是对长时间的记忆和情绪产生很大影响。有研究发现，性别差异在智力上的区别并不显著，在情绪中枢系统上却有着非常显著的差异，具体表现为：女性的情绪中枢与男性相比明显更发达，所以女性会更偏向于感性思维，这是在进化中所形成的情感优势。

大卫·苏泽通过研究发现，海马体与长期记忆的关系非常密切，在成年人的大脑里，海马体仍具有产生神经元的能力（神经生成），可以通过调整饮食结构、加强体育锻炼而增强，同样，也会因为长期失眠而被削减。科研人员是如何确定海马体和长期记忆相关呢？主要是根据某些病症的脑部创伤的治疗过程，一些因脑损伤而做了海马体切除手术的病人，术后，他们的长期记忆会逐渐消失，时间越久的事情记忆越模糊，甚至会完全忘记。研究人员注意到了这个现象，足以证明海马体的主要功能是将记忆经过不断加工并转换储存为大脑的长期记忆。如果投射到学习过程中，则是在巩固学习效果方面起到了至关重要的作用，不过，想要完成此功能，需要很长时间，短则十几天，长则几个月。

杏仁核的主要功能是产生情绪和调节情绪。有研究者认为，记忆里与情绪相关的部分就储存在这里，而和认知相关的部分则储存在其他地方。通过实验，学者发现了一个规律，刺激杏仁核所唤起的情绪，有绝大部分属于消极情绪（数据值为85%），其中以恐惧情绪居多。比如长期被抑郁症所折磨的病患，如果用机器检测之后会发现，他们大脑内的杏仁核和海马体容量较常人而言，有明显的缩小趋势。有较多心理创伤的人，他们都难以逃脱变成抑郁症患者，主要是因为他们的大脑会长时间地释放高浓度的皮质醇，会引起海马体的退化，以及认知能力的衰弱。如果是长期都生活在这种压抑的、消极的状态下，免疫系统会受到极大的损伤，身体患病的概率快速上升。这些研究都表明，情绪对身心健康和生活质量都产生了极其重要的影响，需要引起我们的高度关注。作为教师，如何调整学生的消极情绪是一门高深的学问，甚至能够严重影响学生的学习质量，一旦学生的学习质量过低，也会反过来影响老师的教学效率。作为老师，我们要更加正视，长期处于负面抨击的情况会给学生带来多么严重的后果。比如，舞蹈课堂上常常会出现老师越说学生所做的动作越错的情况，其实，学生在被批评时的感受肯定是负面的，老师越说，负面感受越强烈。如果换作让他适当地调整呼吸、节奏和情绪，能够让学生稍微平静一下，等他感觉好了，再去进行指导，或许他能做得更好。

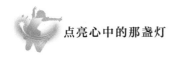

## ▶ 以脑科学为基础开展积极教育工作——克服用脑的误区

作为老师，很多人并不了解脑科学研究领域的知识，在用脑方面还是存在一些固执己见的误区。如有人形容舞蹈及体育项目的专业学生"四肢发达，头脑简单"，其实恰恰相反，无论是跳舞，还是体育项目，在运动过程中，都会让血液循环加速，会让大脑获取血液中更多的营养成分。通过研究发现，这有利于海马体有效发挥其长期记忆的功能。舞蹈还能促进大脑释放对神经结构十分有益的物质——脑源性神经营养素，它能有效地帮助神经元保持健康。所以，保持适度的锻炼，是大脑良好发育的基础。练习舞蹈并不会耽误其他功课的学习，反而能让大脑发育得更好，不仅如此，还能宣泄消极的情绪，从而使学生能够提升自己的学习效率。

因此，老师和家长们都应该认识到，学生应在教育环境中学会如何有效地调节压力，使自己能够在轻松愉快的氛围中学习，只有承受适度的压力，才能达到最佳的用脑效果，毫无压力就没有动力，压力过大则伤身、伤神。这是极其重要的教育策略，很多优秀的老师已经着手建立这方面的教学经验了，相信在不远的将来会有不错的成效。

脑科学的研究成果，除了展示了大脑运转的基本规律，更重要的是，它表明了愉悦的情绪体验能让大脑在工作中达到最佳状态。因此，教育中有一项重要的组成部分是要让老师在工作中找到快乐和成就感，否则很难长久坚持下去。比如，在舞蹈课堂上，老师可以设计一些关于舞蹈动作的拓展训练、与舞蹈动作有关的游戏，和学生一起度过快乐的教学时光，寓教于乐；又如老师帮助学生克服某种困难，完成某项高难度的舞蹈动作，收获成就感；除此之外，还能把学习过程和周围的环境、学生感兴趣的热点相结合，师生共同努力创新，切身感受因舞蹈而变得更加丰富与美好的生活。秉持这种教育理念的舞蹈老师一定会收获成功，因为他们将探索艺术的奥秘和解决生活问题作为人生追求，把培养学生的能力或改善生活环境作为目标，而不仅仅关注几个身体条件好的学生，无论是执教生涯，还是人生阅历，都会因此而变得更加丰富，能够获得更多的成就感，不仅如此，还可能会因为积极的生活态度而成为学生的榜样。

在某个时间段，老师的人生与学生的人生会紧密相连，且影响深远，努力寻找舞蹈教育教学的乐趣时，必然能够给学生的人生带来更多的美好体验。

## ▷ 分享：我在幼儿阶段舞蹈教学中利用脑科学优势拓展教学的内容

一、如何通过视觉和触觉激发幼儿阶段学生的手指力量（扩指手的训练）

准备教具：小树模型，绿色、棕色彩笔各一支。

流程：

1.先让学生从上到下依次观察并认识小树的树叶、树枝、树干、树根四个主要组成部分。

2.将小树模型的树干和树根分离，并提出问题：如何让小树树根不被老师拔起来？

3.利用发散性思维，引出树根有力就不会被拔起来。

4.在手掌指根上画上树根，手指画树干、树枝、树叶。通过镜像神经元的传导，将树叶、树枝、树干、树根对应指尖、指节、指根。

5.理解指根发力，五指最大限度打开，完成扩指手手型。

二、如何用视觉和触觉激发幼儿阶段学生的手腕力量（微风舞姿的训练）

准备教具：柳树枝模型，绿色、红色彩笔各一支。

流程：

1.先让学生观察并认识柳树枝，想象公园里池塘边，微风吹过柳树，柳树枝左右摇摆的景象。

2.在手掌、手背处画上红色和绿色叶子的图案。

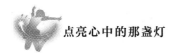 

3.双手在胸前方位，与肩同宽。手腕左右摇摆认清树叶。

4.先有树叶再加微风舞动，手腕带动和手臂配合呈相反方向摆动。

5.双手在正上方位，与肩同宽。理解手腕发力，先见树叶再有风。提取记忆，想象手臂是柳树枝。手腕带动和手臂配合呈相反方向摆动。完成微风舞姿动作。

## 02 揭开舞蹈能力之谜，助力舞蹈技能

在舞蹈课堂上，我们常常会听到老师评价某个学生的能力很好，但如果要具体说出是什么能力好，他又未必能说明白。那究竟什么是所谓的舞蹈能力呢？为了弄清楚能力的概念与内涵，我们必须先充分了解它与知识、技能的区别和关联。知识储备量是否就能等同于能力？技能高低和能力有什么具体的关系呢？

知识是指人通过后天的学习和实践所获取的经验系统。按照途径分类，知识可分为两种，即"直接经验"和"间接经验"。直接经验主要是指个人通过实践活动所直接获取的经验，而间接经验主要是指个人模仿他人已经成功的行为和案例所获取的经验。按照内容区分，知识又可分为两种，即"陈述性知识"和"程序性知识"。陈述性知识主要是指非常具体的、能够解答"是什么"的知识，如数学、舞蹈等学科，而程序性知识主要是指具有过程性的、告诉你该"如何做"的知识，如怎么骑车，或怎么跳某一种舞蹈等的知识。二者都是不可缺少的组成能力的因素，但后者同时也属于技能范畴，并不单指能力。

那知识和技能与能力之间又有怎样的关联呢？

首先必须明确一点，能力的形成与发展严重依赖于它自身的大小，从而会影响技术水平和知识水平。能力强的人在学习过程中通常比较容易获取知识和技能，随着自身知识和技能的不断积累，能力就获得了不间断的提升。其次，在获得知识和技能时，我们所付出的精力会比要获得能力所付出的精力小一些。最后，一个能力较弱的学生想要获得新的能力，就要付出比能力强的学生更多的努力。基于以上情况，在舞蹈教学的过程中，老师要注意以下几点：多关心学生对舞蹈知识的掌握情况（技能）、多关注他们能力培养的情况，以及有效敦促学生将知识

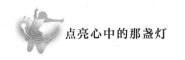

技能转化为自身的能力。如果老师存在知识、技能就等同于能力的误解，很可能会导致学生只关注知识和技能，从而忽视了能力的长足发展。

由此得出，知识和技能是能力的基础，同样地，能力又影响着学生获取知识和技能的速度和水平，二者既能互相促进，又能互相转换。正确掌握能力与知识、技能的关联性，能够帮助学生更有效地学习知识、培养技能、发展能力，这对于开展教学活动起着积极作用。现代心理学研究已经证明，获取知识和技能并不完全取决于智商的高低（正常人范围内），而是与创造力的相关性关系更大，所以，多掌握一个技能就会多一分创造力。所谓"技多不压身"，也并非毫无科学依据。

心理学家布鲁姆曾说"技能是天才的四肢"，咱们中国也有句成语"熟能生巧"，其实是同样的意思。我们想要获得某个能力，达到某种高度，需要不断地提升自己的能力，那究竟什么才是所谓的舞蹈能力呢？

首先，我们可以先将它理解为是一种可以支配身体的能力。无论是舞蹈学生，还是专业的舞蹈演员，如果仅能够简单地调动肢体，根本就无法完成相对复杂的舞蹈动作，所以对他们的要求是不仅能做出动作，还需要灵活支配身体的各个部位予以配合，且达到运用自如的程度。这需要我们在了解并正确认识肢体协调性的前提下，再经过合理的动作训练，才能达到最终目的。

其次，是关于舞蹈动作的模仿能力和记忆能力。在所有学科中，恐怕都找不到任何一种艺术门类，能够比肩舞蹈对模仿能力和记忆能力的依赖度。学生最初进行舞蹈学习时，便是从模仿动作、记忆动作开始的，他们会从相对单一的身体律动，逐渐能做出复杂烦琐的连贯动作。在学习的过程中，学生也会全面而又精确地理解舞蹈动作，再合理地进行记忆处理和存储，达到训练的目标。有人曾经这样评价，舞蹈演员是模仿力和记忆力都非常出色的人。这话虽然听起来比较夸张，但确实有一定的道理。很多时候，舞蹈能够比其他学科更早地锻炼大脑，就是基于此。毕竟，舞蹈学习最开始就是培养模仿能力和记忆能力，并且会贯穿舞者的整个艺术生涯。

再次，会努力培养区分舞蹈动作的风格和差异能力，即舞者需要具备辨别不同动作风格的舞蹈特点和差异能力，如民族舞的颤膝律动、体态重心、步伐节奏等。中国有 56 个民族，每个民族都有独特风格的舞蹈动作，想要掌握各个民族的舞蹈特点，就要求学生必须准确掌握各种舞蹈动作，并以此为前提而进行练习和记忆。如果再次遇到相同的舞蹈动作，他们需要快速而准确地进行区分。当然，这种能力并不是短时间内就可以养成的，在课堂中，老师经常看到所谓的"跑范儿"了，就是因为学生记错了各种舞蹈动作的特点。

写到这里，我就不得不提及自己看到的现如今普及美育教学中需要被重视的问题。无论舞蹈机构也好，学校的兴趣班也罢（后者通常也是由机构的老师上课，是学校和机构合作的模式），要用哪种教材作为日常课程的内容非常重要。想要培养和塑造学生的舞蹈能力，离不开对多样性的舞蹈风格进行学习。其实，舞蹈考级教材就是很好的日常课程训练教材，它集中了多人的智慧，大多是舞蹈领域出类拔萃、造诣颇高的老师们编撰的结晶。这些教材从易到难，可以看作是多民族、多舞种、多文化的集中体现。在授课时，如果舞蹈老师能够把教材中的舞蹈知识点和要领灌输给学生并依此进行指导，一定会比光在日常课程上教授一个剧目、一个舞蹈种类、一种风格模式简单，却是本质上的本末倒置——把集中训练的时间用作对考级教材走马观花的学习，结果肯定是考级内容学习完了，但学生可能连各个民族舞的动作和要点都还不清楚……这样本末倒置的教学安排，想要完成社会对美育教育的核心价值就略显困难了。中国现下并不缺一流的舞蹈演员，缺的正是真正具备欣赏美、理解美并传播美的"观众"。

回到舞蹈能力上，就是要让学生充分掌握用舞蹈动作传递和表达情感的能力。舞蹈具备"长于抒情"的特点，所以才会成为人类最为原始和直接的情感表达的工具。

最后，要让学生具备捕捉舞蹈动作、塑造表演形象的能力，这是舞者们所能培养的能力的最高层次。尤其对那些从事专业舞蹈的演员，在经过长时间的训练

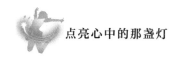
之后，便能够具备捕捉和塑造艺术形象的能力。这才是新时代所需要的能够对舞蹈进行创造的人才。

一般来说，舞蹈智力的定义是："人们在掌握和表现舞蹈技能的过程中必须具备的心理特征。"

那么，在正确理解舞蹈智力的定义之后，就更能消除人们对舞蹈演员产生类似"四肢发达，头脑简单"的误解。当然这只是相对而言，如果强行让舞蹈演员去解出数学题的正确答案，那的确属于"头脑简单"，但反过来也一样，如果请数学家跳一段舞蹈，同样是困难重重。长时间学习数学的他们的肌肉运动会极为困难，同样在模仿运动的时候也显得极为笨拙，因为他们并不具备相应的加工运动信息的能力，所以在做动作的时候，必然是十分"笨拙"的。因此，脱离客观的环境条件来认识智力问题，是不科学的。当然，凡事总有例外，正如我自己的学习经历一样，从舞蹈到心理学的跨界，对一些持世俗眼光的人来说，也曾经是痴人说梦一般的存在，甚至我的父母最开始也对此举动发出质疑。然而，结果也表明了，我成功了。或许真的出现舞蹈家跨界成为数学家也未可知，凡事要有敬畏之心，而不是让狭隘的偏见蒙蔽我们的双眼。

了解什么是舞蹈能力之后，好学的舞蹈老师一定更想知道，我们该如何在舞蹈课堂中有意识地培养学生的舞蹈能力，让他们在众多舞蹈学生中脱颖而出呢？或许你并没有这么远大的理想，只想把舞蹈教育落实到能够看到的实处，比如让他们更快、更好地记住动作，仅此而已。

很多舞蹈老师感到非常困惑：为什么学生总是记不住舞蹈动作呢？想要搞清楚这个看似简单实则难倒众多舞蹈老师的问题，还需要从基础知识开始探索，要先了解关于舞蹈动作技能的基本常识：学习舞蹈动作和练习动作的过程，就是要从条件反射逐渐发展为动力定型。

为什么舞蹈会被称为"艺术之母"？因为相较于绘画艺术单一的视觉性和音乐艺术单一的听觉性来说，舞蹈属于一种动觉艺术。动觉感受器源于身体每一处肌肉。动觉产生后如何产生舞蹈的美感？这就要归功于一种动觉和动作关系密切的重要感觉，也就是由人类的小脑所支配的平衡感觉。从这个角度看，舞蹈动觉是需要大脑和小脑同时运作而产生的艺术。

舞蹈是一种需要调动身体每一处肌肉都投入其中的艺术，在教学中我经常会和学生们探讨，哪怕是一个看似静止的动作造型，其实也是需要调动全身来完成的。看似一个简单的基本功动作大多数时候都能让我们汗流浃背。这些往往是没有学习过舞蹈的人所无法感同身受的。心理学家们研究发现，人类的一切学习行为都源于条件反射的机制。舞蹈学习也不例外。一个舞蹈动作从习得到熟练的过程，可以看作是动觉自动化的过程。从模仿老师的动作，到学会这个动作，最后轻松自如地完成，这就是一个舞蹈学习的自动化过程。

那么当动作在不需要调动太多的注意力就可以完成之后，如何让动作富有张力与感染力呢？这就需要用心而舞了，身心合一贯穿于肢体动觉之中。

在学习过程中，老师要先给学生展现关于这个舞蹈技能的特征和要点、重点和难点，并要用语言和动作示范整个过程。在教学中，我最普遍的做法是讲解完重点和难点之后，会先让同学展示一遍，第一遍是泛泛地看，主要是有个大概的了解，第二遍有目的地看，让他们重点看手或脚的动作，第三遍再总体地看，将整体记在脑海里。三遍下来，视觉形象就已经在同学们的大脑中形成比较牢固的短期记忆。

老师也要注意，在第一阶段中，学生们的学习速度和练习效率的特点都是先慢后快，刚开始的时候，动作一定是忙乱的、紧张的、呆板的、不协调的，或者是遗漏了某个动作，又或者是增加了无用动作，并且很难觉察到自己动作的整体错误。这是因为这个阶段的他们主要是依靠视觉监督，动觉控制还不明显，并伴有明显的紧张感，容易感觉到疲惫。在这种时候，老师能够耐心地做示范，让学生们带着重点去进行观察就显得尤为重要了。因为，此时学生的视觉运作是相对处于高敏感状态的。另外，老师切忌急于求成，要明白欲速则不达的道理，第一

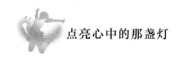
阶段只是处在技术阶段，自然不会出现那些所谓的舞蹈感觉和艺术想象，这是十分正常的。

第二阶段主要是动作联系，这个阶段的重中之重是让适当的刺激与反应形成更加固定的关联性。将逐个动作加以联系，从而形成完整的动作体系；视觉的控制作用在逐渐减弱，肌肉的运动感觉，也就是动觉的控制作用在逐渐加强。具体体现在外部表现时，主要是动作之间的相互干扰会慢慢减少，紧张感越来越微弱，那些多余的动作就不会出现了，如果做错动作也会产生非常明确的识别能力。

这个阶段的特点是学习速度和练习效率达到了一个小高峰，经过反复练习，动作开始连贯，节奏也能够卡在拍子上。由于练习次数的增加产生的量变会让学生得到来自人体效应器官的反馈信息，原有的动作表象得到进一步的完善，这就是量变转化为质变的过程。动作的连贯性增强，动作逐渐变得协调一致。在这个阶段，我们应该要求学生继续保持练习，不能间断，注意动作的协调，并适当地给学生自我察觉和改正不标准的动作的机会。我就常常在这个阶段里不直接告诉学生左右手反了，而是提醒他要关注动作的协调性，出右手会不会觉得动作做起来没那么舒服？或者下个动作就接不上了？尽量让他们自己去调整和完善，这对学生提升自身的感知力和洞察力也是一种有效措施。

第三阶段是舞蹈技能的熟练阶段，需要特别注意的是：进入第三阶段后，高原现象与瓶颈期便会随之而来。

在这个阶段中，单个动作已经逐渐联系成一个有机的整体，能够达到高度的协调和统一，最大特点是意识调节作用和视觉控制作用降到最低点，其中，动觉控制作用占据主导地位，并出现了动力定型和高原现象。所以，老师的示范作用已经是微乎其微了，因为学生能看出动作区别的概率已经很低了。

"高原现象"是什么意思呢？在舞蹈技能达到娴熟的程度之后，即使是学生依然保持现在的练习次数，也无法增强动作的效果和熟练程度，换言之，就是量变无法再转化为质变了。举例来说，搬腿动作从90度提升到160度，进步是比较明显的，然而，想从 160 度提升到 180 度是一个漫长的过程，甚至还会偶尔出现倒退的情况。出现这些问题的根源是动力定型，但这种高原现象并不是长期固定的，在一定客观条件下，可以被打破，这就导致舞蹈技能的学习过程呈现起伏状，并会出现第二次高原现象和动力定型。

随着舞蹈技能的不断提升，老师就需要引导学生培养情感的表现力、艺术的想象力和舞蹈的通感，即侧重艺术情操，而不是一味地只执着于技术的高低。

舞蹈老师在教学中一定要注意不要顾此失彼，并且需要针对学生的个体差别因材施教，发掘其优势所在，提升自我效能感。

在教学中，我自己常常会用一些积极正面的方法，比如，让学生把动作的要领详细地说一下，哪里是比较容易出问题的地方，怎么做能够有效地避免问题的出现，让那些表现出色的同学帮助稍有差距的同学，形成一对一互助的学习模式。正所谓"话不说不明"，舞也是不跳不清。同学在讲解的过程中往往也能发现自己没有做到位的地方，这样就能够有针对性地去练习，摆脱高原期，达到新的高峰。

教育心理学家们研究表明，人类对事物认识得越深刻，对事物所产生的兴趣就越大。所以说，人类的认知过程就是逐渐产生兴趣的过程，老师在课堂上讲得越生动，学生的兴趣就越大。如果遇到了问题，他们运用智慧和意志力克服的困难越多，兴趣也就越浓厚，学习的效果就越好。

很多人在没有学习舞蹈之前，都不了解学习舞蹈的困难，错误地认为，舞蹈本身就是一种自娱自乐，岂会不喜欢呢？我也经常听到有家长这么问，怎么会有女孩儿不喜欢跳舞呢？那动作多优美啊！体态多好看啊！

任何一种艺术，单纯地欣赏自然会觉得愉悦，但将它视为学习对象、任务目标，就会产生无穷无尽的挑战和问题，学习舞蹈更是如此。要知道，舞蹈并不像音乐和美术是单纯的心智劳动，跳舞每天需要大量的体力消耗，比如，每天都需要拉筋、压腿，时不时地还会造成肌肉的损伤，若遇到某项舞蹈技术动作无法突

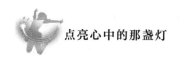

破，学生自己就会倍感压力，苦不堪言，如果老师和家长还不能体谅孩子，那可真是身体加精神的"双重苦"了。所以我认为，和其他门类相比，舞蹈教学更迫切地需要融入积极教育的力量，重视激发学生的斗志，保持对舞蹈的长期兴趣，即便是苦中作乐，也能感受舞蹈学习的乐趣，获得相应的成就感，要让学生能够感受到老师对自己的关心、爱护和期待。这种积极的、正面的互动能够激励学生勇往直前。对年龄较大的学生而言，老师要遵循逐步引导的原则，将他们的兴趣点从短暂的转化为长期的，促进学生将现阶段的学习任务和未来的事业需求、个人前途紧密地联系起来。然而，这并不是让舞蹈老师完全放弃激发高年级学生的学习兴趣，只是采取不同的方式方法，要从更高层次的兴趣点入手。兴趣永远是最好的动力源泉，因此，作为教学的技巧，老师应把握学生这种心理。

## 03 论有效提升舞蹈学习中的记忆

很多舞蹈老师曾经都有过这样的疑惑：为什么有的学生记忆动作速度快，有的学生则特别慢呢？如果只是把这种现象归结为学生个体智力上的差异，那未免太片面了。如何有效提升学生记忆动作的能力，是舞蹈老师需要思考的问题。

在解答这个问题之前，我们必须先对记忆有一定的了解和认识才行。

记忆表象，指的是客观事物的外在形象通过认知在大脑里留下的印象。更严格一点来说，在普通心理学里，这个定义更应该被称为"记忆的表象"，或"感觉后像"。它不仅是舞蹈思维的素材，更是舞蹈意象和艺术想象的优质素材。

表象与感觉之间的关系是十分密切的，和艺术、美之间的关系也更为紧密。从表面上看，表象是感性的，艺术和美也是感性的，三者都与感觉相关，因此，美学在创立之初，才会被定义为是一门研究感觉或感性的科学。但从本质上看，关系是否紧密并不仅仅取决于感性因素，也取决于表象能够进一步发展为大脑里的想象和意象，这些与艺术和美的相关性自不用多言，完全可以视为艺术和美的本质。

在现代心理学中，表象一般被分为两类：一类叫记忆表象（也叫作知觉表象），是指人通过感觉（知觉）在记忆里留下来的具体的形象，在艺术创作和美学中也常被称为"具象"，具有客观性、现实性、具体性、象性和必然性等特征；另一类叫想象表象，是指人通过想象，也就是对记忆表象进行加工再创作的新形象，在艺术创作和美学中又可以叫作意象（再细分还可以继续分为再造意象和创造意象）。想象表象与记忆表象的区别很大，记忆表象的来源是感觉和知觉，是客观

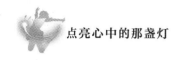 

的、真实的，而想象表象是感性认识向理性认识过渡的桥梁。由于想象与表象的关系极为密切，所以我们要在本章继续对表象进行更加详细的探讨。

## ▶ 首先，我们阐述记忆表象的重要特征，具体如下：

### 1. 形象性

这个特点已经很好地说明了记忆表象与记忆概念的根本区别。

记忆是人脑对所经历过的事物的认识、保持、再现，是一种人类高级心理活动。和记忆表象一样，记忆概念也不依赖于客观事物的直接刺激就可以保存在大脑里，并成为抽象思维的重要素材。然而，记忆概念无法在艺术创作中直接勾勒出具体的形象。而记忆表象因为有了具体的形象性，在艺术构思中可以形成艺术形象，故而成为表象运动的直接成果。

### 2. 具象性

这里所说的具象，不同于广义的心理活动过程中产生的各种形象的概念，而是指具有一定的概括性形象。举个例子来说，我们想到"鱼"，会有一个表象，它在水里游来游去，但这只是"鱼"的一般特征和典型的形象特征，并不是特指任何一条具体的"鱼"。表象的概括性在人类的认识活动中起着重要作用，能够做到举一反三。具象性对舞蹈创作意义非常重要，它让创作者致力于在舞台上再现某个事物的特征，让欣赏者根据具象性认知某个事物。故而，在演绎一个经典角色时，舞者并不需要做到完全相同或十分相似，因为这并不是全部特征之所在，而是一个人物形象的部分特征，欣赏者是通过概括性表象来认知舞蹈中的形象是这个特定的人物。

### 3. 确定性

我们人类记忆的表象会受到各种客观事物的影响，不同的影响又会随之带来不同的感觉。所以我们看到的记忆表象，其本身就具有一定的客观性、现实性、真实性、确定性和被动性等特征。由此可见，人的记忆表象其实并不是自由的，或者说很难超越现实的制约。我们总是说想象力是艺术的灵感源泉不是没有道理的，因为真正天马行空的想象力非常难得。

▶ **其次，我们研究记忆表象的种类在舞蹈艺术的创作中所起到的作用，具体如下：**

### 1. 视觉表象

视觉表象是指客观事物的空间形态在大脑中的映像。它是通过可见光反射到大脑中而引起的感觉，被称为视觉。大脑中的记忆表象大约有 80% 来自视觉表象，所以无论是对艺术的创作，还是对艺术的欣赏，视觉表象都起到了至关重要的作用。

### 2. 听觉表象

听觉表象是客观事物的声音特征在人脑中的映像。一般来说，人们常常将时间按照顺序分为三个时态，即过去、现在和将来。然而，在很多人心里，听觉表象只能是对过去时态的反映（也就是已经听到的声音），实际上，听觉反映主要是针对现在时间的特性。根据德国著名的心理学家波佩尔的研究发现，什么叫作"现在"？它是将过去和将来连续起来的分界点，但并不是没有长度单位的，大约只有 3 秒钟，这是一段极为短暂且具体化的意识时间结构。基于这个原因，舞蹈的节拍和韵律的时限一般都控制在 3 秒之内，否则，听觉表象就会产生不适感。比如，我们把看书叫作"阅读"，因为记忆并不通过眼睛"看"文字，而是在嘴里或心里用内部语言默读，所以才会有"读"。写作也是如此，是在心里用内部语言讲出文字。由此可见，声音和时间的关联比形象和空间对人的影响还要大得多。

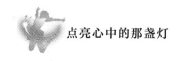
### 3. 动觉表象

动觉表象是从大脑中重现出来的动作形象，具体反映在一定时间、空间和力量当中。它主要体现在身体运动时速度表象、力度表象、幅度表象和位置表象等。

### 4. 静觉表象

静觉表象也就是前文中提过的平衡觉，是小脑对身体的运动方向和状态的映像。

### 5. 肤觉表象

它所包含的内涵极为丰富，主要是指人的触觉（碰触）和身体的温度觉（温差）等。

那么，记忆表象在舞蹈艺术创作中的作用主要体现在哪里呢？

一般来说，舞蹈创作都是基于上述记忆表象的综合才能建立的，是对记忆表象进行的深度创造和加工。

或许这么说比较空洞，我们举个简单的例子。我自己出生在美丽的西子湖畔——杭州。"欲把西湖比西子，淡妆浓抹总相宜"是描写西湖的诗句。把西湖联想成女子，而把景色联想成女子往脸上抹的妆容。这样的联想就是在表象上的多重转化和关联的结果。

舞蹈是一门综合性艺术，它需要稳定的视觉表象、明确且能被他人觉察的动觉表象，以及能够触发舞蹈动作和表现舞蹈意境的听觉表象，具备这些才能构成完整的舞蹈体系。事实上，只要从事舞蹈（专业和学习都包含在内），只要是和舞蹈有关的身份（编导、演员等都包含在内），都是能够通过这些表象来进行创作、排练、教学，最终达到演出水准，这种反应是不自觉的，也有可能是有意识的，但都不影响结果。比如，舞蹈编导在看到小说文字或电影片段的时候，脑海中会闪现出各种与之相关的舞蹈动作和背景，甚至还会编出绚丽多彩、情节动人的舞蹈节目，这些都是充分运用表象的结果。

近年来，反响热烈的舞剧《只此青绿》，其灵感源自《千里江山图》，而《五星出东方》的灵感则是源于出土文物——汉代织锦护臂。

回到本小节最初提出的问题上来，为什么在课堂上，有的学生跟随老师做两三遍舞蹈动作就会了，而有的学生却怎么都记不全？其实，学生们的自身条件和动作完成度并没有太大的差距，但在记忆动作方面，为什么总是表现出明显的差别呢？我想，这肯定不只是单纯聪不聪明的问题。在机构中，除了舞蹈教学的情况，我对所有学生的学习情况也都有一定程度的了解——成绩好、记忆力强的学生，不见得能更快、更好地记住动作；能够快速记住动作的学生，文化课成绩不见得一定很优秀。作为老师，我们不能以偏概全，更不能先入为主，而是要因材施教。

为了让学生们更快、更好地记住教学动作，老师可采取一些促进外部记忆的方式方法，如记笔记和编提纲。中国舞的教学中，记笔记的方法相对运用得比较少。但我在印度舞的教学中，常常使用"笔记+画小人"的方式帮助学生记录舞步，取得的效果非常好。

图片内容出自学生手稿

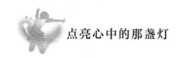

除此以外，还有其他的因素也会有所影响，比如，学生的学习动机是否特别强烈，学习兴趣是否特别浓厚，观察能力是不是比较强……这些因素都可能会直接影响记忆的效果。

舞蹈的学习情况，离不开观察力、模仿力、记忆力、动作协调能力和对音乐的理解能力，其中，记忆力是必不可少的因素之一。

按照大脑的记忆规律进行的舞蹈教学，按理说能够提高学生的学习效果。在此过程中，老师需要注意两个问题：一是要做长时间的疏导；二是谨慎采取批评方式，避免对学生造成心理阴影。

对注意力范围狭窄的学生，老师可以采取有目的的训练项目来扩大他们注意力的范围。比如，有的学生养成了逐字阅读的习惯，他的阅读速度自然会比别人慢一些。在舞蹈学习的过程中，有的学生的注意力只能局限于一个地方的动作，顾了手就顾不了脚，顾了左边就顾不上右边，自然是困难重重。在这个时候，老师就应该多引导学生记住动作，就像语文老师引导学生背诵文言文一样。先是一个句子，再增加到一个段落，最后将所有段落放在一起。对应到舞蹈动作里，就是一个动作、一组动作，然后积累为整段的舞蹈，在记忆每一组动作的同时，要结合每一段相应的音乐。除此之外，平时还可以在休息时，让同学们多做一些训练视觉广度的小游戏，比如，看 1 秒钟窗外的风景，考一考他们能注意到多少个物品——有几棵树？有几辆车？车都是什么颜色的？诸如此类。根据心理学家的研究，成人的注意广度标准为 1/10 秒能注意 4—6 个孤立的对象，儿童则为 2—3 个。从舞蹈专业的角度出发，带着质疑的目光去观摩舞蹈视频，是培养学生注意广度比较有效的方法之一，可以融入课堂教学中。

对因为分心走神、心不在焉而记不住动作的学生，想要解决问题会比较复杂。我曾经在课堂上观察过，这一类学生中的大多数都不太爱动脑子，缺乏明确的学习目标，经不起严苛的舞蹈训练。对这种学生，老师应该如何应对呢？我们只能不间断地对他们进行思想教育工作，但心里要清楚，任何苦口婆心的思想教育都不会有太大收获，更应该让他们在学习上取得成功，品尝进步所带来的成就感和愉快感。然而，这类学生的学习表现相对来说是不太出色的，想要找到其可发扬的优势比较困难，这也是各位老师的苦衷之一。近年来，心理学研究还发现了一个新的心理疾病——空心病，它和抑郁症一样，呈现出越来越低龄化的情况。对此，老师也要注意多观察，及时发现问题。积极心理学告诉我们，人总是有自己的闪光点和优势，老师要秉持积极心理学融于课堂的初心，积极发现各个学生的长处和优点，帮助他们树立自信心，引导他们将注意力放到舞蹈学习上来。

任何专业都需要具备敏锐的观察力，只不过，不同艺术门类对观察力的要求并不一样，各专业各有特点。那么，舞蹈学习需要什么样的观察力呢？

**第一，舞蹈是动态艺术。**

芭蕾舞《天鹅湖》中的女演员用柔软的双臂展现天鹅飞翔的优美；《鱼舞》中的演员采用了生动活泼的肢体，借此来寓意鱼儿在水里"游"，并作为舞蹈的主线。因此，善于观察不同对象的动态特征，可以提升学生的核心观察力。

细心的老师不难发现，很多学生记不住舞蹈动作的很大一部分原因是不会"看"。我曾经问过很多学生，为什么看了这么多遍教学视频、领舞教学，还出现动作错误呢？学生的回答是"看不过来"。由此可见，知道"看什么""怎么看"，对于记忆舞蹈动作也是非常重要的必备因素。

**第二，舞蹈是抒发情感的一种艺术。**

舞蹈是以鲜明的美感和强烈的抒情深深打动着观众的。例如，古典舞的纯洁无瑕，民族舞的绚丽端庄，拉丁舞的火热激情，踢踏舞的气势磅礴。因此，学生在学习舞蹈的同时，也要注意，在观察的过程中，不仅要看动作的起伏和轨迹，还要留意动作所展现出来的抒情性。值得一提的是，关于情绪记忆，就是以观察对象的抒情性为前提的。

同样是对老师示范动作进行观察，为什么有的学生显现得效果好，有的效果差呢？归根结底，观察是积极的心智活动，这在一定程度上影响了观察的效果。

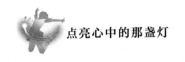

有的学生并不是不用心，而是不懂得该如何观察。下面，我介绍几种方法供老师们参考。

### 1. 多途径、多角度地进行观察

多途径观察，主要是要让学生从多方面进行观察，不要只局限在向老师求教的认知中，也可以多观摩其他比较优秀的同学，或是相关的视频片段，观摩其他剧团的排练和演出，等等。不同的场合、不同的对象，通过对细节的观察更为仔细地思考和模仿。这样一来，既方便老师和学生扩展视野、取长补短，也能增加观察所带来的新鲜感。

在课堂中，老师也可以进行多角度的示范，让学生从不同的角度进行观察，正面的、侧面的、前面的、后面的，还可以由近及远、由远及近，等等。如果老师总是在某个方位做示范，学生站在固定的地方进行观察，那就只能观察到某一个侧面，根本看不到其他角度，很容易造成片面性。尤其是对年纪比较小的学生，培养他们的观察习惯是非常重要的启蒙。我曾经接触过几个孩子，发现他们总是斜着做动作，不论是坐着，还是站着。老师纠正过很多次，但改正的效果并不理想。深入了解后才发现，原来是老师习惯在讲台最左边进行授课，而他们所在的位置又长期处于最右边，时间久了，无形中养成这种不良的观察习惯。当然，这几个学生只是特例，但也提醒我们多角度教学的重要性和必要性。

### 2. 多用分析比较的方法进行观察

经过第一步的观察学习之后，学生就可以进入分析比较的阶段。各种民族舞蹈种类都有其独特的风格、韵律和动作元素，但有些舞蹈动作看起来很像，在学习的时候非常容易混淆。以我们中国的民族民间舞举例，傣族、藏族和维吾尔族的民间舞基础动律中都有腿部的屈伸动作，在教学过程中，孩子们初学时总会觉得舞蹈动作特别相似，搞不清楚哪里不一样。但实际上它们有着各自不同的动态特征。比如傣族舞的腿部屈伸是要求前慢后快，由于西双版纳地区潮湿多泥藻；而藏族的弦子的屈伸动作却像是在抽拉面条，不仅有韧性且连绵不断。想要掌握其中的差别，学生必须要细心观察、积极思考、互相比较，才能找到它们的相似点和区别。

观察学习更是重中之重。不难发现在各个领域，那些成就斐然的佼佼者的观察力都非常突出。比如，俄国著名心理学家巴甫洛夫能够通过狗会不自觉地分泌唾液这一极其普通的现象发现大脑活动的奥秘……所以，不要忽略观察的重要性。舞蹈是源于生活的，老师需要引导学生观察生活，并从中积累能够为自己所用的素材，这也是培养艺术敏感性和提高观察力的重要途径。

最后，不得不说的是，很多时候，学生记不住动作不是能力不足，而是学习兴趣不够充分。或许在家长心里，成大业、为社会做贡献、有一技傍身是学习的初衷，但对青少年来讲，他们的年龄比较小，可接受水平相对有限，必须要针对他们的心理发展特点激发他们的学习兴趣，才能真正看到效果。

舞蹈学习固然需要勤奋的加持，但也要讲究学习方法和学习兴趣，毕竟，在舞蹈学习的过程中，需要付出大量的脑力和体力劳动，但舞蹈本身也包含着极大的乐趣，会让人心驰神往。

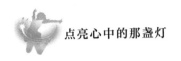

## 04 寻有效应对表演中的情绪问题

学生总会面临独当一面的关键时刻，如考试、演出、比赛等。不难发现，越是在这种关键时刻，越是有学生发生意外（临场发挥不利、大脑一片空白、手脚不协调等）。为什么会这样呢？明明他们平时在课堂上的表现都很好啊！

这一小节，我们就学生在表演过程中所表现出来的情绪和根源进行一些心理分析。

### ▶ 在了解情绪问题之前，我们应该先分析一下学生怯场的表现和原因。

举个教学中遇到的例子。我有个已经走专业舞蹈道路的学生，名叫姗姗（化名），她第一次参加重大比赛时，其他竞争选手的实力非常强，现场的氛围也非常紧张，不亚于百米赛跑的决赛。可想而知，对比赛经验不足的姗姗而言，承受了多大的心理压力。在平时的训练中，姗姗的技术非常稳定，各方面的感觉都很好，我也提前给她做足了心理建设，尤其对比赛心理做好了铺垫。然而，真正到了比赛现场时，姗姗才发现自己根本不能保持一颗平常心。比如，陌生的场地让她明显感觉不适应，看到其他选手的服装造型更加漂亮，技术水平也更高，心一下就慌了。我之前做过的心理建设完全没了作用。刚一上场，她只想着快点跳完，但越着急越慌乱，节奏、发力早就抛之脑后，动作质量就更不用提了。最终，比赛以失败而告终。一句话，就是心理素质不过硬导致原本能展现出来的舞蹈功底全都化为泡影。赛后，我给姗姗做了总结，帮助她更加确信这场比赛的目的是什么，及时调整状态，放下包袱，在之后的比赛中，她都能轻装应战，取得好成绩。其实，不论是什么类型的比赛，选手的心理绝对是重要影响因素。正如奥林匹克比赛中常说的那句话，比赛到最后，比的不是技术的高低，而是心理素质是否过硬。

舞蹈是以肢体运动为基础的艺术，《舞蹈教育学》的作者赵国纬老师早年曾对北京舞蹈学院中专部中、高年级的学生做过调查，罗列出下列几种在比赛和演出中怯场的典型表现。

1. 在舞台上不敢直面观众，十分紧张地进行舞蹈表演，满脑子只有"快跳完、快谢幕"的想法。

2. 在心里把观众当作背景板，但剧场的氛围（如灯光、观众的反馈等）仍严重影响着自己，心脏怦怦跳，明显不如排练时的表现出色。

3. 只能做出机械的表演动作，完全顾不上内在的思想感情抒发和艺术表现。

4. 遇到不熟练的动作、不好的状态，都极易心慌意乱，缺乏自信和全情投入。

简单来说，很多孩子台下跳得很好，可是上大舞台就神色呆滞，整个剧目看下来味同嚼蜡。一切技能技巧都没有神韵作为支撑了，也缺乏舞蹈特有的、能够传情达意的艺术表现力。

然而，有的舞者明明也很紧张，却仍然能保持一定的水准，把该做的舞蹈动作完整地呈现出来。这是什么原因呢？主要是因为运动定型，也可以说是肌肉记忆。举个简单的例子，每个人在上学时都学过广播体操，毕业之后很长时间都不会再做，但在听到广播体操的背景音乐，仍然可以跟着做下来。舞蹈也是同样的道理，冯小刚导演的电影《芳华》中有一段高潮情节，女主角已经患有严重的精神类疾病，但当熟悉的音乐响起，穿着病服的她仍然跳起那段熟悉的舞蹈。热泪盈眶的同时，我也在感叹身体记忆的强大。

相比于舞蹈动作而言，艺术表现力就复杂多了，是因人、因景而异的，并不是程式化能够解决的。明明训练很刻苦（运动定型）的学生，在怯场后也会出现

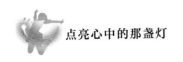
动作走样的情况，在排除动力定型没有完成之后，那么最大的问题就在于学生个体性格的特点和归因方式上的不同了。

有人曾经这么说："要培养演员一登场就能够做到'目中无人'。"很多老师也会这样教导学生，把舞台下的观众当作背景板，但实际上，这种方法也许能消除一定的紧张情绪，但无法激发演员的表演欲望。更积极一点的做法是，把观众作为表演的情绪催化剂，观众的情绪越高，演出的氛围越浓，就越能激发舞者的表演欲，从而达到超水平发挥。一名优秀的舞蹈演员曾这样说："我一上舞台，底下的观众越多，我就越有勇气。"用更简单一点的话来说，就是"人来疯"，老师应该想方设法地培养学生具备"人来疯"的特质。

既然怯场是情绪的产物，也是人为因素引起的，那我们只有找到它的起因，才能对症下药。一般的原因基本如下：

### 1. 过度紧张

为什么我们在比较关键的时刻总是感到紧张呢？实际上，紧张本身就是高度兴奋的表现，会导致大脑皮层支配的肌肉加速收缩，越是关键时刻就表现得越明显。举个很简单的例子，高考考生如果过度紧张，就会抑制大脑皮层的智力活动，即便是平时那些信手拈来的题目也可能会束手无策，等到一出考场，就会恍然大悟，突然想出了解题思路。这就是大脑皮层抑制解除了对考试的紧张感，大脑功能恢复的缘故。同样，有的学生在演出前高度兴奋，难以入眠，越是临近演出，越是紧张，这必然会引起自身的生理反应，如心慌、心率过高、尿频等。这种现象持续的时间越长，身体所消耗的精力就越大，所以站上舞台之后，真实的水准自然不能够充分地发挥出来。

### 2. 缺乏适应能力

有的学生会特别习惯固定的教室、固定的镜子、固定的同学，以及十分熟悉的老师，只要客观条件有变化，立即会引起心理上的波动，从而影响演出效果。我的团队曾经带学生参加过一次群舞的比赛，有个班次就出现了这个问题，整整一排的学生把前后方位完全搞混了，所以有半支舞都是背对着观众表演的。这已经算是重大失误了。领队老师认为完全是自己的教学水平出了问题，很长时间都无法释怀，直到最后找到问题的症结，才逐渐恢复了信心。

### 3. 对结果考虑太多

如果学生对比赛结果过分看重（如一定要取得第一名的执念），自然会背负沉重的心理压力。得失心越重，越容易怯场，越无法专心于完成表演。我常常告诉那些准备参赛的学生："你的人生应该更看重过程，成长比成功更值得肯定。"我自己在演出和比赛时，也是这样告诫自己的。

### 4. 与个性特点有关

一般说来，负面情绪较多、心理承受能力比较差的人，遇到一点有难度、有挑战性的事情（竞赛），比积极情绪多、心理承受能力强的人更容易出现过度紧张的情况。因此，在比赛之前，老师可以让学生完成神经类型或气质类型的测查表，预测并找出更适合参赛的选手。科学研究表明，特质焦虑水平高的学生比特质焦虑水平低的学生更容易感到紧张，产生怯场。在个性特质中，比较消极的、情绪容易失控的、过于敏感的，或是过度追求完美的人，都更容易陷入紧张情绪；反之，则相对稳定很多。有了这些理论支撑，在舞蹈教学的同时，老师就应该注重培养学生的积极情绪。

### 5. 竞赛对手所展示出来的实力

当主要参赛对手表现出较强的实力时，有的学员特别容易受到影响，出现紧张的情绪，比如之前已经交手过很多次，或是出现传闻中特别优秀的选手。这些

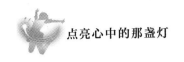
可以视作得失心重的一种表现。在教学过程中，老师也要给学生灌输"我们的对手永远只有自己"的观念。

### 6. 身体状态

比赛前过度疲劳、心情不佳，或是生活中出现了不如意的事，即便勉为其难地上了舞台，在表演时也会因为顾虑太多而怯场。

## ▶ 在比赛前，如何加强学生的"心理训练"？

针对那些经常参加各种比赛的舞者而言，可以在日常训练中加入一定程度的心理训练，举例来说，有些舞蹈机构会在课堂上进行模拟比赛，借此来让学员调节自己的心态，从而克服对比赛的畏惧心理或紧张情绪。通过这种形式，能够让选手在类似比赛的环境中提高技术动作及身体素质的适应能力，还能够对心理进行更深一步的训练。在模拟赛中，老师要尽可能地关注选手的心理反应，在比赛时、比赛后进行充分的心理训练，着重心理建设和调节状态，加强心理辅导。在接近正赛时，应尽可能安排他们到比赛现场进行训练。值得注意的是，这里所谓的适应比赛场地，不仅要适应客观环境，还要进行适合参赛的心理训练，强化自我调节的能力，主动改变自己的训练节奏和心理习惯，尽快适应比赛环境的变化。之前，我曾经带领学生团队去外省，乃至国外进行比赛，为了适应外地或国外的饮食与习惯，会先安排学生调整作息时间，让身体适应吃当地食物，然后再安排几天连续训练，让他们能够充分适应当地赛场。赛前的心理训练和辅导十分重要，有的老师并不重视，认为适应场地主要是适应环境，而忽略心理作用。

坚韧的心理素质主要是依靠平时的训练及比赛的积累来实现的，并非一蹴而就，需要老师的耐心和细心。不要害怕失败，要多为学生创造参加比赛的机会，或者带着他们去各地进行演出，这样一来，既能够锻炼学生的专业实力，还能够培养他们的适应能力和坚韧品质。同时，也应该对那些为开发学生的艺术表现力付出心血的编导和排练老师予以奖励。学校想要培养某个领域的尖子生，更要重视和提升教学质量。这是相辅相成、互相促进的，要让老师积极付出，也要及时给予肯定。

如果有了确切的演出和比赛的时间，要提前做好规划，切忌仓促上阵。要知道，慌乱的经验积累未必会成为好的动力，反而会给学生带来更多的心理负担和情绪积压。举个例子，有些节目还没有成形，是边排边改的过程，对专业的舞者是稀松平常的事情，但对学员而言，很容易形成心理上的不稳定感——我能不能上场？我到底要做什么动作？是否能完成这些动作？更有些情绪比较消极的学生会说："那么认真做什么？谁知明天会不会发生变化……"所以，还没成形的节目只适合与经验比较丰富的成熟演员进行探讨，不适合让学生参与其中。如果让学生参加进来，可能会挫败他们排练的积极性，还导致他们无法在大脑中形成鲜明而稳定的舞蹈表象和情绪记忆。举个例子，有的学校或机构为了招生，把精力都放在宣传上，最常见的方式就是紧急排练出一个舞蹈节目，想借此展示学校或机构的实力。然而，仓促上阵的节目、舞台条件的简陋、环境的嘈杂，很容易造成学生怯场，最终呈现的效果并不好。以运动技能形成的规律为视角和依托，掌握舞蹈技术的过程其实就是建立条件反射的过程，条件反射的连接越牢固，那些干扰因素就越不构成威胁，学生就越能充分发挥自身的真实水平。因此，在表演和参赛前，应该力求充分排练，让学生在保证量的过程中获得信心，从而产生心理上的满足和安慰。

当然，在演出前，尤其是演出前一天和当天，不宜再进行大量的训练，而是进行运动表象和情绪记忆的活动。

自我暗示是非常重要且有效的自我激励法。比如，很多学员都会在临演出之前，不断对自己进行心理暗示："我对舞蹈动作已经掌握得很熟练了。""别慌，一定能演好。""我一定能做到！""深呼吸，我要保持冷静，身体要放松。"如果感到困难，会暗示自己："一切困难都是纸老虎，我觉得困难，别人也一样。放松，

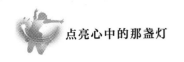

一定能做好的。""我平时的表现都很好，肯定能发挥出自己的实际水平。"

另一种方法是放慢呼吸的节奏，加深呼吸的深度（调整至深呼吸），利用一些简单的正念冥想（此内容在后面的章节里有详细的论述），这样做是为了让身体的骨骼肌逐步放松，大脑也会进入比较平和的状态，紧张情绪自然而然地就能逐渐稳定下来。我们经常看到这样的画面，在比赛前，很多选手戴着耳机，沉浸在自己的世界里，听舞蹈的配乐，也可能是听舒缓的纯音乐，这样做能够帮选手更快地放松。

以上这两种自我暗示的方法能够发挥应有的作用，其根本原因是能够有效利用神经活动中第二信号系统调节和指导第一信号系统的情绪体验。有关于正念和心流的章节可以与这里相结合，在此就不再赘述了。

值得一提的是，任何一种消除怯场的方法都需要结合自身情况，才能达到最佳效果。除此以外，老师也需要注意一点，切勿在演出开始前，不停地叮嘱学员"注意这一点，重点别忘了"之类的话。很多老师都存在这个问题，不可否认，他们的初衷是想要提醒学生，但实际效果恰恰适得其反，徒增学生的心理负担。好比在高考前，学生需要的是鼓励，是安定情绪，而不是嘱咐和警告，参加比赛和演出的学员同样如此。

看到这里，可能有人会问，在演出或比赛时，完全感觉不到紧张是最好的吗？其实不然，最好的状态应该是适度紧张（适度兴奋）。过度紧张，固然不利于学员发挥最好的水平，但过度放松也不利于发挥。过度放松的状态会导致大脑皮层无法形成最起码的兴奋点，无法真正集中注意力，神经联系反应迟钝，故而同样不能发挥出最好的演出效果。所谓的"紧张"，只是一个概念，实际上，是各人身体和精神所表现出来的程度不同的反应结果。适度的紧张和兴奋不仅无害，还是必要的，在特定条件下（如演出、参赛），可以促使大脑形成适度的兴奋点，能够更有效地调动肢体运动。

心理学上著名的学习动机理论——叶克斯与杜德逊提出的"倒U形假说"就

说明了焦虑水平与比赛成绩之间的关系：越是重要的比赛、重要的时刻，越要以平常心去对待，而不是一味地、无节制地提高目标与动机，这样反而会心神不定，产生负面偏差。

最后，在专业比赛（正式演出）后，还应该重视舞者（尤其学生）的心理恢复情况。有的学生由于各种原因在演出中没有发挥原有的水平，可能还做了错误动作，于是陷入闷闷不乐的消沉情绪而无法自拔，如果再严重点，还会过分敏感地认为同学和老师都怪罪自己，成为再次演出的心理负担。因此，老师一定要及时帮助学生调整心理状态，总结经验，寻找不足，以利再战，切勿火上浇油。很多老师把握不好总结的重点，喜欢强调学生的错误，比如，"我都说了多少遍了，这个地方你怎么总是做错呢？"学校是学生学习的地方，接受的是教育，所以老师应该采取积极教育的方式，让成功的学生戒骄戒躁，更上一层楼，让暂时失利的学生不轻言失败，再接再厉，争取获得好的成绩。过去的一切都将成为历史，未来才是重点。

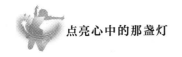

## 05 用多元智能理论拓展舞蹈教学

很多人都说，在艺术门类中，舞蹈所设定的学习门槛是最高的。相较于音乐、美术、器乐等其他美育教学门类而言，舞蹈不是限于培养学生在某个单一领域上的发展，而是更注重多元化的培养。心理学上有一种论述叫作多元智力。在了解什么是多元智力之前，我们先要搞清楚什么是智力，以及智力理论与舞蹈教学又有什么联系。

最早研究智力理论的心理学家是英国的斯皮尔曼，他在 1904 年从统计学和因子分析的理论中提出了智力的二因素理论。即一般因素 G 和特殊因素 S，在一般因素中，思维能力是核心内容。而特殊因素是指具体的舞蹈能力、音乐节奏能力等。特殊因素发展之后，还包括了如舞蹈演员的身体平衡能力、学习模仿能力，等等。发展了特殊因素所包含的能力之后，在一定程度上，可以促进一般因素所包含的能力的发展。这两者是密切联系、相辅相成的关系。

在上述理论中提及的一般因素其实就可以视作智力，智力包含了注意力、观察力、记忆力、思维力和想象力等，也可以理解为人的一种认知的潜力，具有潜在性、隐藏性和可发展性。

在此之后，美国心理学家瑟斯顿提出多因素理论（1938 年）。他认为智力由 7 种主要因素构成，具体如下：

1. 词语理解能力：能够很好地理解词语的意义。

2. 撰写流畅能力：能够正确并且迅速地写出文字，且能够对词语之间进行组合、拆分和关联。

3. 计算能力：快速、正确计算出与数字相关的问题。

4. 空间认知能力：对空间和方向有着正确的判断和认知。

5. 记忆能力：能够记住过去的事物。

6. 知觉速度能力：能够迅速地、准确地观察和辨别实物。

7. 推理能力：能够根据现有的条件对未确定的事物进行推断。

提到智力，就不得不提到那些五花八门的智力测验了，相信很多家长都曾经带着孩子做过类似的测验。它最早是由法国心理学家比奈和西蒙研究和定制的（1905 年），通过智力测验，可以笼统地测量出儿童的智力水平。此后，德国心理学家施太伦又提出了"智商"这个概念，美国心理学家推孟根据之前的研究作为基础，正式提出了智商的计算公式：

智商 IQ =（智力年龄 / 实际年龄）× 100

## ▶ 多元智力的前世今生

介绍完智力之后，我们要正式进入多元智力的认知上来。

提到多元智力，就不得不提"零点项目"（Project Zero）。这是美国哈佛大学在 1967 年提出的重大科研项目。长久以来，大家都不怎么重视艺术思维和艺术教育，总认为，艺术只是锦上添花般的存在。因此，人类必须要从零点开始，以弥补之前对艺术思维和艺术教育研究的不足，这也就是"零点项目"的由来。在此之后的 30 多年中，美国有数百名科学家参与进来，他们的研究成果深深地影响着美国的教育。加德纳教授说："我曾经是一名执着的钢琴家，同时还投身于其他的艺术形式。然而，当我开始学习发展心理学和认知心理学之后，发现这些理论基本都不涉及艺术领域，这令我非常困惑。因此，我早期的学术目标是要在心理学的领域中为艺术找到一席之地。时至今日，我仍然朝着这个目标而努力着！"读到这段话，我很感动。我现在所做、所写，在很大程度上，也是和加德纳教授有着同样的初衷和愿景。

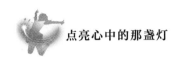

多元智力理论的提出和发展为老师们提供了新的发展理论依据，能够以积极、正向的视角去看待学生的潜能。我举例具体说明。

### 1. 音乐智力的启示

俗话说得好，"音乐是舞蹈的灵魂"。作为舞蹈生，平日里应该多接触音乐，尤其是中外那些优秀的音乐作品。这些积累对学生们培养节奏、韵律起着极大的促进作用。从那些优秀舞者在跳舞时的身体表象和情绪表象来看，音乐修养和音乐天赋可以被视作舞蹈成功的一大法宝，将音乐融入身体，融入舞蹈。

另外就是音乐与即兴表演的结合作用。老师可有效利用课堂间隙，播放不同种类的音乐，让学生们随性舞动，让他们忘记自我，忘记环境，只用本能跟随着音乐跳舞。

### 2. 身体运动智力的启示

在舞蹈作品中，肢体模仿训练对于提高学生的身体动觉智力起着至关重要的作用。在课堂中老师要善于利用碎片化时间去安排一些即兴创作，很好地提升学生运用肢体的能力，这不仅仅针对大孩子，幼龄段的孩子同样可以在他们的认知范围内进行尝试。

一开始，同学们可能会感到不好意思，不愿意突出表现。这时候，老师可以让学生先用简单的肢体动作，来表达一种具象化的事物。比如动物、杯子、大树、鲜花等。当同学们适应了，再深入无形的事物，如"高兴""恐惧""飞翔""自由"等感觉，甚至用这些作为主题，表演出充满创意的舞蹈片段。

### 3. 语言智力的启示

尝试着用语言来描述舞蹈的情节、动作、构思，这些都可以转化为语言。老师可以采用让学生欣赏优秀舞蹈作品的方式，鼓励他们观看后用语言来描述刚才看到的一切，将舞蹈作品的结构、舞动特点、手法及表演的特征等方面，落实在语言表达上。能想到多少就说多少，老师再做一些额外的引导，最终汇总归纳为自己的观点，让他们完整地表述出来。如果有条件，甚至可以在课后写在本子，用这种方法可以让学生及时记录和总结老师讲述的舞蹈技术要领、风格，以及更精准的体态语言。

### 4. 数理逻辑智力的启示

舞蹈其实也和数字有很多联系，比如我们会数节拍、会分辨点位、会编排不同人数的队列等。

### 5. 空间视觉智力的启示

在观看过一段经典的舞蹈视频后，让学生闭上眼睛，回忆着刚才看到的舞蹈片段。这种在脑海中的重新浮现，如同一座"心灵舞台"。让学生打造自己的"心灵舞台"，将学过的舞蹈用想象力在"心灵舞台"上重新呈现。在前面的章节中提到了比赛前的准备工作，如果遇到无法提前走台、熟悉舞台的情况，就可以用"心灵舞台"的这个方法，不管在哪里，都可以清晰地再现出观众席的位置分布、动作的朝向、调度、走位等。对学生来说，是能力的突破与提升。

### 6. 自我认知智力的启示

老师要多鼓励学生，欣赏完一个优秀的舞蹈作品后，给自己一点思考的时间，这样做能够让他们对所学内容充分沉淀。比如，学到了哪些新的动作，作品中最精华的部分是哪里，等等。

当老师指导学生某一种风格的舞蹈时，需要适当地让学生与自身的经验、感受结合一下。比如，跳蒙古族舞蹈时，可以先让学生自由发挥，表演一下在大草原上放牧，让他们感受一下动作要领。

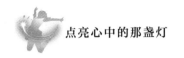
### 7. 人际关系智力的启示

学校是一个小型社会，班级也一样。老师可以通过了解孩子的不同性格特征进行班级的位置排序。课堂的分组练习，课后的互助练习，都是很好的人际交往能力的提升途径。

### 8. 自然观察智力的启示

组织学生走进大自然，观察大自然中的各种景观，从而引导他们对大自然中的动植物、生命现象产生浓厚的兴趣，为今后运用"原型启发"的创作方法打下坚实的基础。我在清华大学积极心理学研究中心学习积极心理学期间，曾经做过一项实践作业，叫作创造性训练。因为职业优势，我当时带领着舞蹈机构的部分老师去公园里采风，通过观察花草树木，设定了一个"春"的主题，让大家利用肢体去展现。有的老师表现出了树木在春天的蓬勃，有的老师表现出了动物在春天的灵性，有的老师表现出了踏春人的喜悦……最后剪辑成一个完整的作品《春》。这个作品后来被收入清华大学的官网，作为优秀作品供他人鉴赏。这也是第一次有人用舞蹈的形式来完成此项作业，让导师们眼前一亮。

随着时代的发展，美育教育的需求逐步提升。尽管舞蹈教学的方式与手段发生了变化，然而，对智能进行缜密的分析并没有完全实现。可以这么说，在众多的舞蹈培训机构和学校里，对单一智能的推崇仍是一种普遍现象。老师们的教学目标、课程设置、上课方式，让学习舞蹈的学生只注重运动智能的训练，而不看重语言等其他的智能训练。这种模式在考核方面采取了统一标准，会导致学生的其他智能无法得到相应的发展。看上去似乎是目标明确，实质上并没有实现全面发展的教学目标，也阻碍了学生在舞蹈实践与舞蹈理论上进行深入探讨的可能性。要进一步推动多元智能理论在舞蹈教学上的运用，就必然要对原有的教学模式与专业设置进行检视。首先，要把多元智能理论的精髓贯穿于专业目标的设置中，在此基础上进行教学模式的改变。多元智能理论的精髓在于依据特定的文化背景，发展人们解决问题和创造新的产品的能力，而这种能力的形成就必须依赖于人的各种智能。特殊的个体在某个方面的智能相对突出，具有解决问题与创新的能力就必须得到尊重。其次，舞蹈教学目标在设定上必然要体现出注重学生个性化等内容。最后，在教学模式上做出相应的改变，教学方式与方法也需随之跟进。不难看出，多元智能理论在舞蹈教学中要想体现出应有的作用，首要的就是老师要在专业目标与课程目标上进行重新认识。这些都值得所有老师深思。

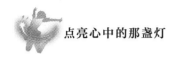

## 06 谈儿童舞蹈教学中的有效策略

随着教育改革的不断深入，教育方向发生了变化。在"双减"政策下，儿童的学习负担正在逐步减轻，学习重心向艺术教育倾斜，儿童学习舞蹈的时间大大增加，学校和家长更加注重学生的全面发展。舞蹈作为艺术教育的重要组成部分，是培养儿童审美和心理健康的重要途径。老师在"双减"政策下要对舞蹈课程的教学方式进行改进，根据儿童的情绪特征，充分调动他们在舞蹈学习中的积极性，让儿童有一个更加良好的舞蹈学习环境。

儿童舞蹈是"美育教学"的范畴，是集音乐、形体、情感于一体的综合教学模式。儿童学习舞蹈，不仅可以陶冶情操，还能够促进身心发展。舞蹈具有直观性，能够让儿童在舞蹈中体现自身的性格特点，有利于他们进行性格塑造和情感塑造。但是儿童因为年龄受限，想要让他们对舞蹈产生兴趣，对老师就提出了更高的要求。比如，要更深入地分析儿童的情绪特征，了解他们的心理活动，采用更恰当的舞蹈教学方式，提高教学质量，以实现促进儿童全面发展的目标。在儿童舞蹈教学中，因为他们本身活泼好动又比较贪玩，模仿力强却自控力差，这让老师的教学具有一定难度。儿童阶段是大脑发育的关键阶段，对自身的情绪变化更有意识，记忆力、思维能力、表达能力快速发展，老师应该通过情感教学的方式激发他们的感情。儿童的情绪特征决定了舞蹈的教学质量，调动他们的情绪，让他们对舞蹈课程产生兴趣，由老师来引导儿童以积极的态度应对舞蹈课程。以心理学的角度来看，儿童的舞蹈教学作为一种具有外显和内隐相结合的教学导向也需要通过孩子从内心深处的热爱去坚持和提升。老师不能只注重舞蹈动作，盲目加快学习进度，要将工作重心更多地放在儿童的情绪健康管理上，将舞蹈中的思想和价值观渗透到教学中，从而影响儿童的情感态度，保证他们的情绪健康，促进舞蹈教学的效率。

都说兴趣是学生最好的老师，在儿童阶段，由于他们的心智还不够成熟，兴趣便是学习的动力，只有激发学生的兴趣，调动学生的积极情绪，才能让学习变得轻松起来。在舞蹈教学过程中，当儿童对舞蹈中的某个动作产生兴趣时，专注度和认真程度便会有所上升，舞蹈的学习效率大大提高。因此，舞蹈教学中兴趣培养尤为重要。老师通过对儿童的学习兴趣培养来引导他们积极、主动地进行学习，高效地完成学习任务。将兴趣培养和教学结合起来，充分发挥儿童的主观能动性。要知道，学习舞蹈的兴趣并不是儿童的天性，需要老师对他们进行积极的引导，通过兴趣充分激发儿童的舞蹈天赋。长期的学习对培养儿童的自控意识也有一定帮助，通过兴趣的引导，能够让儿童在课堂上集中注意力，提升舞蹈学习的效率，同时在面对舞蹈课程的难点时，也能够让儿童用积极心态去应对。

## ▶ 儿童舞蹈教学中的常见问题

在我国，儿童舞蹈教学经过长期的发展，形成了各种各样的教学模式，但系统的培养模式还需要进行研究和探索，同时也存在些许问题。在儿童的舞蹈教学中，大部分都是采用老师先进行多次示范，再让学生进行模仿的教学形式，想要掌握舞蹈动作和要领，就要求儿童对舞蹈动作进行认知，老师在教学时更注重舞蹈的知识教学，向学生进行单方面的输入，忽略了他们主观上对舞蹈课程的想法。学生没有自主探索的过程，老师在情绪上没有对儿童进行了解，导致学习效果不理想。老师进行示范，儿童进行模仿的教学形式缺乏针对性，没有对儿童个体的情绪差异进行充分考虑。儿童在学习舞蹈的过程中，接受程度不同、基础能力不同，单一的教学模式无法达到预期的效果。比如，老师只强调手指动作、手臂动作等肢体的指导教学，会让儿童觉得课堂缺乏趣味。如果老师不能主动调动学生

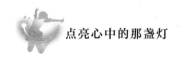

的积极情绪，只是让他们被动地接受，那求知欲肯定会一定程度上受到限制。长此以往，儿童对舞蹈就失去了兴趣，甚至还会产生厌烦的心理。

此外，由于儿童的生活经验较少，对舞蹈课程的认知比较肤浅，很难理解舞蹈所蕴含的情感和价值。在教学过程中，老师对舞蹈动作的要求很严格，如力量水平、训练强度、动作难度，往往会过于成人化，体能要求容易超过儿童所能承受的范围，过早的高强度训练会导致儿童的发育受到影响。不合适的课程难度会让课堂秩序难以维持，学生的情绪难以控制，导致最终的学习效果欠佳，根本就无法达到真正的教学目的。老师选择教学内容时，更多会选择专业化课程，这种课程内容缺乏对儿童的启发性、引导性，在学习时，即使学生的舞蹈动作完成到位，但他们根本就不理解其中包含的意义，更不可能认可舞蹈的价值。随着教学内容逐步增多，学生面对繁重的训练难以应付，复习内容和新内容在课程衔接的安排上不够到位，没有进行循环往复式的教学。儿童在接受新知识后容易忽略旧知识，需要老师合理地安排教学内容，改变现有的教学模式，才能让他们在舞蹈学习中充分理解舞蹈的价值，才能取得更大的进步。

还有一些值得我们注意的要点，舞蹈教学不仅要求老师让学生完成舞蹈动作，更要求老师能够将舞蹈所蕴含的情感与价值观充分传递给学生。现阶段的舞蹈教学，儿童所接受的课程内容更多的是动作指导，在舞蹈表演时，缺乏情感的深度理解，最终导致教学效果的呈现与教学目标不一致。在舞蹈学习中，儿童不仅要学习舞蹈动作，更要在情感、审美、思维等方面得到全面发展。如果老师只注重舞蹈动作，就会让舞蹈失去了情感上的传递，只能通过大量的排练、强化，让儿童在表演时做到整齐、规范。但这种舞蹈不能打动人心，完全失去了舞蹈本身所蕴含的价值。机械地教导动作会导致儿童的情绪、心态没有在舞蹈中得到充分的体现。老师只有注重儿童的情绪，才能让舞蹈课程拥有愉悦、轻松的氛围。儿童舞蹈教学更应该注重儿童的情绪，让他们拥有自己的舞蹈表达形式和舞蹈语言，培养他们学习舞蹈的信心。

## ▷ 分享：我在儿童舞蹈教学中的有效策略

### 1. 合理地安排教学内容

儿童阶段的舞蹈教学需要关注的是教学内容在身体、心理、情绪上是否符合儿童的发展方向。一方面，老师在教学的过程中不仅要关注教学内容，还要把精力更多地放在儿童的身体健康上，身体处于发育阶段的孩子的骨质情况和肌肉纤维都较为脆弱，平衡性和控制力尚未达到成人水平，因此，老师应当安排合适的教学内容，选用强度适中的课程，让教学内容贴合儿童生理发育的特点；另一方面，老师应该更关注儿童的心理健康状态，情绪好不好会直接影响教学质量和教学效率，儿童的大脑还处于发育阶段，自我认知能力较差，对舞蹈课程的理解需要老师去引导，因此，老师应该采取情感式教学，让老师的情感和儿童的情绪进行紧密联系，引导他们对舞蹈热情、主动、积极的情绪，从而获得最佳的学习效果。由被动灌输转变为主动学习，取得良好的教学成效。情感式教学有助于儿童阶段对审美能力的培养，在大脑发育阶段，对事物的好奇心理和探索心理需要老师进行充分激发，树立正确的价值观、培养积极的态度，让儿童得到全面的发展。

老师在关注儿童情绪状态和身体健康的同时，也要注重课程内容的合理安排。在学习时，准确地安排新课程与复习的内容，让课程的衔接自然过渡，以保证学生的学习效果。课程内容安排要围绕儿童的情绪变化，举个例子，某一节课的情感引导效果非常好，老师就应该利用学生在这堂课所表现出的积极性及时对教学内容进行复习，巩固教学成果，从而达到之后减少复习此次教学内容的频率，加快舞蹈学习的进度。

### 2. 运用新颖生动的教学方法

舞蹈学习中，儿童的情绪状态在一定程度上决定了学习效果，这就需要老师采用更适合儿童的教学方法来调动他们的积极性。比如，老师创建了生动有趣的课程氛围。要知道，儿童不能只接受舞蹈动作上的教学，在心理层面，良好的教学氛围会让他们的情绪变得更加积极，从而对舞蹈产生更浓厚的兴趣。儿童的情绪特征主要体现为活泼好动、好奇心强，老师要让儿童在学习时能够快速理解舞蹈中的情感，就要让内容和儿童的生活经验相结合。比如，教学内容中出现了"植物"，老师就可以带着学生利用课外时间去大自然中观察植物的真实形态，等上课时，让学生自主模仿植物的形态特点，并进行创作，充分激发他们的自主学习能力。改变"填鸭式"的教学观念，让儿童发挥自身的思维优势，发掘他们的想象力和创造力。利用儿童喜欢玩具、动画、游戏等特点创建教学课题，将他们喜欢的东西融入教学中，贴近儿童的生活，运用丰富的教学方法，使舞蹈课程教学呈现多样性。

### 3. 加强教学活动的趣味性

儿童在学习时会出现注意力不集中的现象，这是儿童阶段难以避免的情况，因为儿童的好奇心强，会对其他的事物产生关注，无法长时间将注意力放到舞蹈课程中。因此，老师应该通过趣味性课堂来吸引儿童的关注，培养他们的兴趣，这是最佳的教学方式。心理学家布鲁纳说过，"学习的最好刺激，乃是对所学材料的兴趣"，舞蹈课堂是否具有趣味性，会直接影响儿童学习舞蹈的兴趣。要根据儿童的情绪特征，进行差异化教学。比如，在形体基础教学时可以先播放节奏明快的、让人感受愉悦的曲子，让儿童先适应一下，通过踢步、拍手等活动形式充分调动他们的情绪状态，让其在持续活跃兴奋的状态中完成学习。还可以在舞蹈中安排游戏活动，吸引儿童的注意力，满足他们的心理需求。通过加强教学的趣味性，提升教学质量的同时，也让师生之间建立了良好的关系，从而让儿童爱上舞蹈课程。

此外，老师应该拥有"童心"，用儿童喜欢的方式进行教学，将儿童作为主体，充分尊重他们的意见和想法，关注他们的情绪变化，用鼓励的态度与儿童进行交流。

遇到沟通上的问题时，老师不妨想想自己小时候是不是也遇到过类似的问题，那时候的自己是怎么想的，希望老师怎么对待，用什么态度来对待，等等。当老师懂得换位思考之后，便能够豁然开朗，自然就知道该怎么和孩子更顺畅地沟通了。除此之外，也能尝试着让学生来当老师，引导他们站在老师的角度上思考问题，体会老师的感受。比如，让最后一排的孩子到第一排当小老师，进行角色互换。这么一来，既能帮助学生找到自身不足，也促使他们理解老师的良苦用心，从而愿意接受老师的帮助和教育。

4. 增加儿童兴趣的持久性

在任何一门课程的学习过程中，保持长时间的兴趣非常重要。舞蹈是学习门槛非常高的艺术门类。大部分儿童在进入舞蹈课堂之前，都是充满幻想、兴致勃勃的。他们对舞蹈拥有浓厚的兴趣，但真正开始学习了，就会发现，舞蹈根本就没有想象的那么轻松。如果老师不采取积极措施，只是一味地照本宣科，学生自然就学不下去了。如果再遇上不尊重孩子选择的家长，那这个学生的舞蹈学习之路基本也就结束了。

对那些低龄儿童来说，形体训练课确实比较枯燥、费力，且很难培养出兴趣。在我教授的舞蹈课程中，会根据低龄学生（8岁以下）注意力集中时间较短（10—15分钟）的特点，找一些轻松活泼的、适合儿童的舞蹈、儿歌，或是讲一段榜样的故事，并根据学生的注意力集中的情况来调整。每一个舞蹈教授内容和动作练习的时长都不宜超过注意力集中的时间范围。这对老师的经验和精力都是很大的挑战。

我们经常可以听到这样的话，"兴趣是最好的老师"。话是没错，但这个"兴趣"并不是人们泛泛而谈的兴趣，时有时无，那并不是真正有效的兴趣。据我观察，比起那些一开始兴趣很浓、劲头十足，恨不得天天来上课的学生，最后倒不如一直保持平均斗志、不太外显的学生坚持得久。我将这种现象称为"虚假的兴趣"，通常是指接近自我幻想的兴趣，越是一开始的劲头很足，就越快发现和自己想象的差距甚远，或是发现自己根本就做不到，转而变成了一种对学习的愤怒

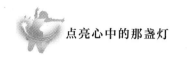

和憎恨。从天天想上课变成根本就不想上课。因此，遇到这样的学生，我通常会提醒家长，让他们保持冷静的态度。有时候，对待兴趣过于高涨，适当地延迟满足反而是对其最好的检验，经得起煎熬的兴趣就是真正有效的。

5. 关注儿童视角，了解儿童世界

儿童对世界的认知、感受和成年人大为不同，全部都是从感性出发。他们更相信自己对事物的判断，并且认为其他人和自己的想法、感受都是相同的。儿童的认知有着自我主义，不能完全理解老师视角下对事物的判断。老师能够快速掌握某一方面的经验，而儿童在产生问题时会根据自己的情绪对事物做出判断。因此，老师要关注儿童的视角，了解他们的内心世界，才能掌握他们的情绪变化，然后再开始进行舞蹈教学。舞蹈作为一种艺术形式，需要儿童通过舞蹈表达出他们的世界。在课堂上，儿童出现动作失误和情绪问题，老师应该在第一时间给予安慰和鼓励，不能责备，通过分析儿童哭泣的原因、动作失误的原因来进行教育。老师不仅要注重儿童的认知反馈，更要关注他们的情感需要。比如，儿童在学习舞蹈的过程中，由于情绪状态不好而导致舞蹈动作无法完成，老师不能一味地去纠正学生的动作，而是需要针对他们的情绪健康进行有针对性的辅导，了解他们兴致不高的真正原因，帮助学生走出负面的情感态度，进而在舞蹈学习中提升他们的情感表达、审美观念和认知能力。

舞蹈是一种艺术表达载体，在学习中，儿童的认知、情感、审美都得到了更多的培养。老师在教学时要充分关注他们的情绪特征，转变原有的教学模式，对课堂教学内容和教学模式进行新的探索，用更丰富的形式对儿童进行舞蹈教学，提高他们对舞蹈的兴趣。要充分尊重儿童的想法，了解儿童内心的愿望和需求，对学生进行正确的情绪引导。让课堂内容充满趣味性，让学生充分体验到学习舞蹈的乐趣。只有培养学生的学习兴趣，把握儿童的心理特征，才能更好地发掘他们的舞蹈天赋，科学合理地让学生在舞蹈教学中陶冶情操、提高舞蹈水平，让他们通过舞蹈艺术的教育得到身心的全面发展。

第三章

陪伴成长

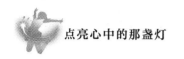 

## 01 说"我能行"自我效能要赶上

我女儿以前有一本特别喜欢的绘本，其中有一个故事我记得大概是这样的：有一天，装载了很多玩具的小火车在行驶过程中出现了一些故障，它非常着急，因为它必须在天黑之前翻过山岭，这样才能及时把玩具送到山那边。有很多火车头从这辆小火车身边经过，却没有一辆愿意停下来帮助它。最后，一个看起来非常弱小的蓝色火车头决定试一下。为了将玩具送到山那边，蓝色火车头一直不断地给自己加油打气："我能做到！""我一定能做到！"终于，蓝色火车头真的做到了！它爬上山顶，越过了山峰！

正是这种"我能做到"的信念，让蓝色火车头最后成功了，而它背后就隐藏着积极心理学中特别重要的理念——自我效能感。

### ▶ 自我效能从何而来

美国的著名心理学家班杜拉在 1977 年提出一个理论：每个人对自己完成某个方面的能力有一个主观的效能感评价，它通过两条路径体现出来：第一条路径是结果预期，就是相信自己，我坚信"我可以做到"，这是对自我实现的预判（或者说是期许）；第二条路径是效能预期，就是我认为"我能做到并不是因为我的运气好或是其他因素，而是因为我有做好这件事的能力，所以我要好好发挥这种能力，为做好这件事做充分的准备"。

绘本中的蓝色火车头在外形上很不起眼，很明显，它的能力一定不如其他火车头。但它通过激励自己，最终完成了目标。

舞蹈老师看到这样一种现象，有的学生对练习舞蹈提不起兴趣，并不是因为他们做不到，而是因为对自己没有足够的信心。这可以被称为习得性无助。如果学生出现了这种情况，老师又该怎么办呢？经验丰富的老师会说："这还不容易？"要开始对学生猛灌"鸡汤"了……

我们暂且先不说这种方法是否可行，先来看看心理学中著名的戒烟实验。

以色列的心理学家莫迪凯布利特纳做了一个非常经典的戒烟实验，参加实验的人是若干名成年吸烟者，他们被随机分配到三个组中。

第一组是"具备自我效能组"：实验者告诉受测者，他们将要接受长达14周的治疗，之所以会选择他们，是因为他们身上都有一种坚强的毅力，自控力非常强且具备战胜困难的潜能，相信他们一定能做到成功戒烟。

第二组是"接受治疗组"：这一组接受的治疗方式和第一组一模一样，但实验者只是简单地告诉受测者，他们是随机抽选的，要在这里接受14周的治疗。

第三组是"控制组"：实验人员并没有给予任何治疗计划，也没有任何自我效能指导语的暗示。

实验数据非常明显，"具备自我效能组"（第一组）有67%的人戒烟成功，"接受治疗组"（第二组）只有28%的人戒烟成功，"控制组"（第三组）则更少，只有6%的人戒烟成功。

这个实验结果充分展示了"自我效能"的价值，即"我能做到"对人的暗示。在暗示的过程中激励人们把事情完成。心理学家们研究发现，自我效能比较高的人，主要是通过以下几种特质来强化行为表现的。

首先，迎难而上——面对由于压力所引发的焦虑情绪，能够主动应对而非逃避。

其次，自力更生——遇到困难和挑战，相信自己的能力，而不是寄希望于他人来帮助自己解决问题。相信求人不如求己。

最后，主动进取——面对选择，更愿意主动出击，勇于走出自己的"舒适

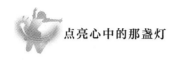

区"。现在有句很流行的话叫作"我命由我不由天",说的也是这个意思。

其实单单这三点可能就已经难倒了众多成年人了,更别说少年儿童了。

有时候,我会问学生们这样一些问题:如果大家都对你不抱希望,你还会坚持吗?出现困难和挑战时,你能冷静处理吗?坚持是不是特别难的事?

通过他们对这些问题的思考和回答,看看他们是不是自我效能很高。我发现,很多学生可能舞蹈学习得不错,但自我效能不高;有的学生跳得并不是很好,但他们的自我效能并没有因此而降低。

## ▶ 自我效能的影响因素

你也许会好奇,到底是什么影响了学生或者自己的自我效能的高低呢?我总结了五种影响因素,具体如下:

**第一种:个人以前的成功或失败的经历,它对一个人自我效能的影响是最大的。**

坚信自己能够做到,相信自己有这个能力。我们常说,失败乃成功之母,但实际上,成功更是成功之母。前面说到了习得性无助,那么无助感可以习得,自我效能感自然也可以习得,只是需要更多的成功经验罢了。

**第二种:替代经验或者模仿,榜样的力量是强大且无限的。**

很多人说,没有对比就没有伤害,但适当的比较是好事,能够替代激励。自己崇拜的人做得好,你便也有信心能够做好。这就是榜样的力量。舞蹈老师为学生架构起认识美、感受美、鉴赏美的桥梁。很多时候,年龄比较低的学生都会把老师作为美的代名词和美的化身,将老师的形象拿来和自己身边的人作比较。虽然我们不能用外在形象作为舞蹈老师是否优秀的衡量标准,但作为美育工作者,自身具备对美的正确认知是尤为重要的。老师的三观不能跟着五官走,在日、韩等国家的娱乐文化充斥的多元文化背景下，老师用舞蹈充当媒介，向学生传达正能量和中华优秀传统文化。这才是真正的文化强国、文化兴国。文化自信要从娃娃抓起，这是每个美育老师肩负的使命。

**第三种：他人的肯定是他人对自己的评价与认可。**

人是特别容易受到他人影响的，所以要多给学生正面、积极的鼓励、评价和肯定。当别人都认为你能成功时，你往往会觉得自己似乎真的能成功，至少是具备了成功的某些必要条件。内化激励的作用让学生有了信心来驱动自己。当然，内化激励绝对不是心灵鸡汤，要注意区分。

**第四种：情绪唤醒是对情绪情感有相应的感知与觉察。**

当学生感到紧张和焦虑时，就会患得患失。开心时，觉得自己可以克服任何困难，达成目标；精疲力竭时，自我效能感随之下降，感到疲惫，俗称"心累"。

老师应该多注意学生在课堂上的心理变化，还要注意让学生得到充分休息，不要打疲劳战。一个动作怎么都做不好，可以适当转移一下注意力，休息一会儿或练习其他动作。等状态恢复了，再去练习，这样比疲劳战术的效果好。我也曾见过老师因为一个动作把学生留堂开小灶。若是练好了皆大欢喜，若是练不好身心俱疲。但我们必须要承认，有时候学生做不好一个动作，并不是他不想好好做，而是其他因素影响他，进而会让学生陷入悲观情绪："我一定做不好的，我太笨了，老师一定不会再喜欢我了……"这些负面情绪都在破坏学生的学习状态。所以，老师们要格外注意这些细小的情绪因素，并及时帮助学生调整过来。

**第五种：熟悉的环境条件是利用相对熟悉的场景。**

人类在漫长的进化演变中，本能地对环境变化很敏感。比如，在重要比赛前，老师一定会尽可能地带着学生去比赛场地熟悉一下。在熟悉的环境里考试、比赛，

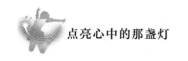

能够让学生获得更多的安全感，提高自我效能，从而表现得更出色。

还是那句话——美育教育是先教出人，再教出人才。先有心，而后才有高精尖。

那么，老师究竟该如何有效提升学生的自我效能感呢？

## ▶ 提升学生自我效能感的三大法宝

**第一，帮学生找到适合自己的榜样去模仿。**

孔子曾说过"见贤思齐焉""三人行，必有我师焉"等经典言论，阐明了向他人学习的重要性。在课堂上，老师也需要为学生找到适合他们的榜样。

比如，学生不愿意练舞，就让他多欣赏舞蹈老师和专业舞者的舞蹈视频，通过潜移默化的影响，唤醒他的练舞热情。千万不要因为这些而去打击学生，那就适得其反了。

在这里，我分享一个结合自身教学经验的有效互助的学习方法。

在练习舞蹈动作遇到困难时，往往问同学的效果要比问老师好很多。在心理学上，有一种叫作"知识的诅咒"的效应，意思是，当你知道了某个知识后，就永远无法回归到不知道它的真正的"空杯"状态。

很多时候，我们搞不懂学生到底是在哪个环节上出现问题，导致他们做不对、做不好，因为在老师看来，这个动作用右手，那个动作出左脚不是理所应当、不假思索的吗？为什么学生就是学不会呢？

我教过一个比较特殊的班级。这个班级是每年经过公开选拔，专门针对大型比赛所设置的。每年都会有新成员加入，而老学员一般要到中学毕业或是考上舞蹈学院附中后才会离开。所以在日常训练中，学生之间的差距很明显。比如，我教完一组动作，老学员很快就能学会，但新学员还没找到方向呢。

这是让很多老师最头疼的情况。我应对的方法就是分组——老带新。以教代学，老学员学习动作快，教的时候既能巩固学习成果，又有成就感；新学员跟着学，心理负担小，比老师教得效果好，更能放开做动作而不怕出错。有时候，新学员的错误动作在我看来很难理解，怎么会这么做呢？怎么能做错呢？但同学之间就特别能感同身受了。老学员能够指出新学员为什么会出现这样的错误，而我只需要在旁边对标准度稍加提点便可做到事半功倍。除此之外，还能时不时地做个小游戏，让新老学员进行比赛。最后，不仅新学员很快掌握了动作要领，还增进了整个班级的集体意识和自我效能，可谓一举两得。

**第二，给学生提供积极正面的鼓励与支持。**

积极的鼓励和支持具有特殊的魔力，不只是对学生，就连老师在得到别人的肯定时，也会增强自信。想要提供积极正面的鼓励和支持，正确的方式应该是多描述，少评价，针对学生能改变的部分多夸奖，用"你很努力"来替代"你很美丽"，让学生懂得努力比天赋更重要。不要让学生产生不会做就不聪明了的归因方式。

鼓励和称赞不能脱离实际，要依托于事实。鼓励者的权威性越高，数量越多，对提升自我效能感越显著。因此，在教学过程中，我们也可以借助行业内的专家、机构中的前辈给予学生以肯定。此外，老师也要注意，千万不能凭空捏造，过分夸大，虚伪反而会伤害学生的自我效能感，这就得不偿失了。

我遇到过这样一件事，在上课前，有位家长特意找到我，说："周老师，你要多夸夸我家孩子，这段时间她不怎么愿意来上舞蹈课……"我回复说："好，我会多关注她的。肯定她的进步，鼓励她、激励她！"

我非常理解这位家长的担忧。学生不自信，受挫后产生逃避的心态，最立竿见影的方法就是夸奖他、鼓励他。但是这种方法的效果持续时间太短，最开始听到称赞，学生立刻精神抖擞，坚持了三天，又是垂头丧气，觉得自己不行，不愿意继续坚持。然后家长再次怀疑学生是不是不适合舞蹈学习，是不是不能坚持……

所以我经常和家长说，"糖"是好吃，但吃多了要"长蛀牙"，没有营养的表

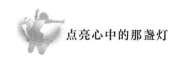

扬就等同于"糖"。今天要了一颗，尝到了甜头，明天就要两颗，直到满口蛀牙后便毫无作用。

夸奖和表扬是用来锦上添花的，是建立在用心观察学生的行为并肯定学生的每一点进步之上的，而不是胡乱使用。学生要的只是老师更多的关注，并不是虚假的夸赞。很多时候，老师自然的流露和善意的理解，比那些夸大其词的赞美和敷衍了事的表扬显得更真诚，更能赢得学生的心。然而，这种话说起来似乎很容易，老师也有不得不面对的困境，家长的压力、教学进度的压力、绩效压力，都是很难协调的。因此，从教学的点滴和细节开始，慢慢给学生戒掉"糖"式的夸赞教育吧。

**第三，助力学生强化内在执行力。**

著名的心理学家德西和莱恩提出了自我决定论（SDT），该理论在心理学界中已经得到了广泛的支持与认可，它认为，人类有三类基本需求——自主需求、胜任需求和归属需求。

在这三个基本需求中，以自主需求为重中之重。有数百项研究发现，在学校里，如果老师能够培养出学生学习的自主性，就能很好地催化他们的内在动机和勇于挑战的意愿，继而引发探索的兴趣，且注重自我成长和自我提升。因此，帮助学生培养自我激励的能力，是老师非常值得做的一件事。通过了解学生想要拥有什么、能够把握什么等问题，就能帮助他们明确自己的选择，看清未来的道路。

胜任需求是自主需求不可或缺的另一部分。它是指我们通过努力可以做到的事情。如果是尝试了任何方法都不能完成的事，学生自然不会去做。比如说，一个普通学生和世界围棋冠军下围棋，能有胜算吗？无论怎么激励学生，都一定做不到。值得注意的是，胜任力并不是指做好、做对的能力，而是自认为能把事情做好、做对的信心。我常常这样对学生说："只有感觉良好，才能做得更好。"这是对自身能力的认可，而非肤浅空泛的"我是最棒的"这种口头禅。这是一把内在的而非外在的"成就标尺"。作为老师，我们要多支持同学们去培养和发展良好的胜任力。如果同学们已经很努力了，却还是没取得理想的成绩，老师正确的反馈方法应该是："在我看来，你学得非常努力，即便是基本功还有点不扎实，我也依然为你的努力而感到骄傲。咱们都知道，每次练习都是在进步，与标准也越来越靠近，要继续努力。"不过，还要牢牢谨记，老师不能直接培养学生的胜任力，不是我们说他能做标准就一定能做到标准，这不是许愿。学生只有自己感受到进步，有了收获，才会产生胜任力，强行许愿只会破坏他们的内在动机。

最后，讲到归属需求，它是指人与人之间，有一种能够感受到被关爱的情感纽带。举个例子，我们小时候会不会因为特别喜欢某位老师而对这门课特别感兴趣，特别努力想要好好学呢？这就是情感纽带的力量，也就是归属需求。同样，当老师努力向学生传递了无条件的关爱时，学生自然也会接收到，就会在心里告诉自己："我的老师特别关心我，是因为我这个学生值得他关心，而不是我跳得好不好。"这么一来，学生就更有可能接纳这样的价值观和归因方式。学会更好地接纳自己与自己的行为，从而更有动力去提升自己的能力。

作为老师，如果你相信努力的价值和学习的意义，并希望自己的学生也能持有这种观念，那就改变自己的行为模式，不要一见到学生做错了动作或不如其他学生做得好，就急于纠正和批评他们。更不要说"我不是已经强调过这个动作的要点是……""我已示范好多遍了，你怎么都没好好看"这样的话，可能你认为，这么做就能传播自己的价值观，但结果恰恰相反，这么做让学生最直接的感受是：老师给予的关注是有条件的。一个学生做不好动作的时候，情绪已经很低落了，此时老师应该对学生的困境多一点共情，可以换一种说法："看来你对这个结果并不是很满意啊，我知道你很努力，也知道你想做好，如果你愿意的话，咱们可以好好聊一聊，看看练习方法是不是需要改进一下，这样就能帮到你了。"这句话最主要的就是体现了老师对学生的共情，可以满足学生的归属需求，不仅如此，还是在告诉学生，他还有提高的空间和方式方法，可以满足学生的胜任需求，再

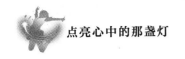

加上这句"如果你愿意的话"作为结尾，让学生自己做主。老师的角色是指导和辅助，而非管理者和评判者，这能满足学生们的自主需求。

要知道，当学生遇到困难和挑战，产生畏难情绪是很正常的。老师一定不要急着去批评、去否定，而要站在学生的立场，帮他们分析当下的处境，以及产生这种处境的原因是什么。把情绪转化为积极行动的力量。对症下药，解决问题。把宏大抽象的任务转化为具象的任务。

比如，让学生回家练习舞蹈，这个任务就太宽泛了，改成回家练习今天的新动作、某个基本功……这种任务就具体多了，学生也更容易落实行动。

综上所述，如果老师能够认真承担责任，用心培养学生的自我效能感，并利用有效的方法，就可帮助学生认清他们的最优特质，并让他们感受到价值感和归属感，点亮其心中的那盏积极奋进之灯。

## ②02 增加复原力和抗逆力的重要性

经常能听到老师和家长的议论:"现在的学生抗压能力是越来越差了,稍微遇到一点点困难就容易情绪崩溃。"个别学生出现了畏难、逃避、抑郁等心理问题,还引出当下颇为流行的词语——逆商。随着人们对心理健康层面关注的不断提升,逆商也越来越多地被人提及而备受重视。

### ▶ 关于复原力

几年前,有一个叫月月(化名)的学生跟着我学习舞蹈。她是一个非常乖巧、内向的小姑娘,平时来上课也不爱和人交流,但学习态度一直很端正。之前她学习舞蹈的时间不长,基础比较薄弱,在刚开始的那段时间里遇到了不少困难,值得欣慰的是,她严格遵守我的教学方法,并且循序渐进地进行练习,一个学期下来她有了不小的进步。原本我很高兴,但很快便发现了问题,月月进步了,我也称赞她了,她并没有因为自己的进步和得到表扬而表现出任何喜悦之情,看上去依旧是很冷淡,更多的时候是表现出不自信、唯唯诺诺……期末汇报课的时候,我终于见到了一直忙于工作的月月妈妈。汇报表演结束后,我很高兴地和月月妈妈说:"月月的学习态度很端正,取得了不小的进步。"但月月妈妈压根没有说到月月的进步,而是非常严肃地对我说:"周老师,我发现月月跳舞时手的动作是松的。"我连忙回应:"好的,接下来的课程中我会再多提醒她。其实,月月的问题主要是在表现力方面有点欠缺,力度这些小细节可以再弥补……"月月妈妈说:"其他的我还没仔细看,我也不懂,反正这一点我看得很清楚,请

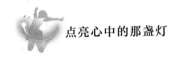

你再纠正一下！"

和月月妈妈的交谈就这么结束了，我的心情很复杂。在月月妈妈的眼中，她只能看到孩子的缺点，却看不到孩子的进步。同为母亲，我很难理解，甚至忍不住为月月和自己的教学成果鸣不平。但我注意到，月月在听着我和她妈妈的对话时比我还淡定，似乎早就知道妈妈的反应。后来，我逐渐了解了月月的原生家庭的具体情况，她的父母已经离婚了，是妈妈独自抚养女儿。可能就是这样的变故，导致月月妈妈希望女儿能够争气，所以天天只会批评和鞭策月月。久而久之，月月对生活和学习都失去了兴趣，与人交往时也表现得比较自卑。孩子在经历了人生挫折之后，会更容易陷入失败的痛苦中，凭借个人的能力，她根本无法从困境中走出来。换言之，她已经有了习得性无助，习惯了别人对她的不认可，她接受了自己的无能和无法改变的现状。

对复原力差的学生来说，当他们遇到了压力和挫折之后，不知道如何调整自己，更容易出现身心状况异常，甚至是情绪崩溃。对复原力好的学生而言，他们在遇到压力后，往往不会采取消极的应对措施，而是会选择积极正面的解决问题的方法。这并不是说，复原力强的孩子就不会产生负面情绪，而是他们可以更快地调整好情绪，从情绪低落恢复到正常状态。像我的女儿小米粥，她和其他小朋友一样，总是把玩具扔得到处都是，屡教不改。有一次，她把爸爸买来做实验的小苏打粉拿出来玩，弄得满地都是。她爸爸很生气，说要把她的玩具都扔了，并做出装进垃圾袋的动作。一开始，小米粥被她爸爸吓哭了，但很快就自己停住了哭泣，看到我一脸无措的表情，还走过来对我说："妈妈，我马上要上小学了，那些玩具都是小时候买的，我现在已经不玩了，爸爸扔掉也挺好的……"过了好一会儿，我才反应过来，原来小米粥是看到我很无措，忙跑过来安抚我。说真的，刚开始，我的手足无措是不知道应该帮谁、该如何收场。可是只有 5 岁的小米粥主动过来说出自己的想法，顺带抚平了我内心的紧张和压抑。我很惊叹其强大的自我修复和复原力，甚至胜过我这个当妈的。

在我看来，复原力就像是一个厚厚的弹簧床垫，挫折和苦难的事件就如同把你从高处重重地摔下来。这个床垫能保护你，起到一个缓冲作用，你可以从床垫上很快地站起来，继续前行。而那些复原力差的人，恰恰就是缺少了弹簧床垫这个保护，所以当他们在遇到困难时，就像是直接摔到了水泥地板上，身心受到巨大的伤害且很长时间都无法愈合。由此可见，如果老师能够培养学生的复原力，就能够帮助他们战胜挫折，重新找到前行的方向，继续高质量地学习和生活。

积极心理学的创始人——塞利格曼教授最广为人知的研究实验是关于狗的习得性无助：我在前文中也多次提及，在这个实验中经历过太多次电击的狗会产生习得性无助。对它们来说，"电击"是外部的、无法控制的行为，第一次会反抗，次数多了，就根本不会反抗，只会被动接受。一旦出现了习得性无助，狗就表现出消极、被动的反应，很难再去适应新的环境。

在现实生活中，人类在经历了多次无法控制的外部事件之后，也很容易产生习得性的无助感。我发现有个别习得性无助感的学生，他们的思想枷锁非常沉重：失败和成功都不是他们自己能够掌控的。因为他们觉得，自己根本不可能成功，也不可能做到让老师或家长满意。因此，他们在遇到挫折和困难后往往是直接放弃，甚至都不愿意去尝试。

案例中的月月还没有走到这一步，并且我在了解了她的家庭情况后，也更加留心对她的积极引导。

这种现象对学生影响深远且负面。习得性无助的经历异常痛苦，而且很难自我恢复，当这些学生在今后只要遇到困境，即便是咬咬牙就能闯过去的关卡，他们也会直接放弃，采取回避的方式。就如同那些明明有机会摆脱电击但只会选择被动接受电击的狗，无法逃脱困境，也无法回到正常的生活轨道上。简单概括一句话就是：习得性无助的经历会让学生的复原力越来越差。

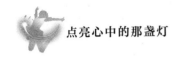

## ▶ 如何有效地提升复原力呢？

20世纪90年代，美国军校就已经开始对士兵进行复原力的训练了。因为士兵们在战斗中经常直面死亡，尤其是目睹了亲密战友的死亡，会在心里留下巨大的心理创伤。即便是战争结束了，他们也会出现厌世、应激等心理问题。训练复原力就是为了辅助那些上过战场的士兵能够积极地面对战后生活。

帮助同学们提高复原力也是教育的重中之重。我们可以从这几个方面着手，具体如下：

### 1. 多提供成功或快乐的积极经验

既然无助可以习得，那积极为什么不能习得呢？其实这是同样的原理，老师经常给予学生积极且有效的鼓励和肯定，适当地因材施教，让学生体会到"他能够做到"，以此来获得更高的自我效能感，坚信自己有能力学好舞蹈或是其他任何一门学科，甚至是与学习无关的任何事情。同时，成功经验不断叠加，也可以很好地提升他们的自信心。这就是良性循环。

### 2. 培养学生积极乐观的生活态度

学生可以用乐观的心态去面对困难和挑战，将挑战看作人生中的机遇，而不是老师故意的刁难。

### 3. 培养学生的自我认同感

除了老师毫不吝啬地给予学生表扬和鼓励，还需要让学生正视自己的进步和优势所在。想要做到这一点，就需要老师更多地关注学生的学习过程，并强调努力的重要性。

在我的课堂上，有一个低年龄段的学生，之前在别的机构学习舞蹈已经一年多了。在我们给她做的测评后发现，她上课的情绪状态很消极，动作的完成度和学习经历并不匹配。授课老师也曾经尝试过多种方法，却没什么效果。我想到了一个方法，再上课时，我调整了和她的交流方式，从之前老师常说的"你已经是有基础的学生了，应该可以做得更好"转变为"老师看见你这个动作比以前坚持得更久了，我看见你的进步了"，这种侧重看到进步过程的交流打动了她，果然，再之后她并没有偷懒，乖乖地完成了整个练习过程。学生在完成一件事情之后，她发现老师看到了，而且看到的不是她总在偷懒，而是她又多坚持了一个八拍，这种经历让她知道自己是有能力、有价值的。

### 4. 培养学生的情绪管理技能

老师需要多帮助学生做情绪疏导，让他们懂得如何调整负面情绪，不被它左右。对尚处在青春期、叛逆期的学生而言，他们的外形开始成人化但情绪并不稳定，非常容易产生波动，当他们遭遇挫折，负面情绪会压制住积极乐观的心态，理性思维能力也会下降，从而无法做出正确的判断。如果师生之间已经形成了良好、正向的关系，当学生遇到问题时，他们很愿意接受老师的帮助，愿意和老师说说心里话。有了老师的帮助和支持，学生更容易从困境中走出来。切记一点，不要把学生的倾诉当作谈资。一旦学生发现了，就会对老师失去信任和依赖。

总体来说，老师在教学过程中培养学生健康、健全的品格有时甚至比专业技能更重要。提高其自我情绪调节能力，引导学生选择积极的归因方式和应对问题的能力，有着更重要的意义。

## ▶ 关于抗逆力

说完了复原力，就不得不说与其称为"梦幻组合"的存在——抗逆力了。

心理学上有一个特别著名的"可爱岛实验"。美国加州大学戴维斯分校的儿童心理学家艾米莉·维乐教授，曾对居住在可爱岛的儿童做了一项长期追踪研究，

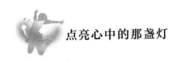 

研究对象为 1955 年出生的 698 个婴儿。可爱岛的名字虽然好听，但生活条件非常贫困，这近 700 名儿童中有很多都是与有酒瘾缠身的父亲和被精神疾病困扰的母亲生活在一起的。在如此恶劣的环境中长大，有 2/3 的孩子在青春期就表现出不良行为，却也有 1/3 的孩子几乎没有出现不良行为。因此，维乐将那些没有不良行为的学生称为有抗逆力的学生。

心理学家波拉德提出，具有良好抗逆力的学生身上通常具有这四种优势——社交上的优势、解决问题上的优势、自我激励上的优势和目标价值感的优势。

社交能力包括建立优质的人际关系所需要的品质、技巧和态度。抗逆力强的学生是积极的问题解决者，他们往往拥有良好的语言表达能力。此外，抗逆力强的人往往自主性也强，包括突出价值感和意义感，对自我的统一性和认同。

由此可见，具备抗逆力的学生更容易走出逆境，获得人生的成功。复原力高的人可以很快地从失败的低落情绪中走出来，并且更努力地想办法摆脱困境，自然也就很少出现身心受创的危机。对抗逆力差的学生来说，哪怕是一次考试失利都有可能成为导火索，让他在很长一段时间里都陷入消极情绪，无法进入正常的生活、工作的状态。老师怎么做才能帮助学生拥有较高的抗逆力呢？积极心理学提出的抗逆力概念和抗逆力训练给了教育工作者极大的启发。

### ▶ 在实际教学中，老师应该如何有效提高学生的抗逆力呢？

最关键的是打造一个有利于学生抗逆力发展的环境，具体措施如下：

#### 1. 提供关心和支持

在学生的成长过程中，至少会和一个成年人保持密切联系，并获得他的关爱。这个人不一定是父母，也可以是老师。所以，可以帮助学生发展牢固的人际关系——同学、老师、朋友等，通过这些人际关系获得更多的关心和支持。

**2. 欣赏、认可学生的优势和天赋**

不要因为学生在某个学科上的表现而否定他在其他方面的天赋和优势。

**3. 提供学生参与活动的机会**

让学生有机会和他人进行交流，发展自己的兴趣，并获得宝贵的经验。不光是指参与有意义的演出活动，还可以帮助他们参与发挥优势的活动，并因此获得成就感。

写到这里，我又想起武志红老师那本经典之作《为何家会伤人》，如果你也遇到像月月那种遭遇的学生，就请多给予一些关爱。

正如一位国外的老校长说过一句让我至今记忆犹新，并时常以此警醒自己的话："Some students come to school to learn knowledge. Some students come to school to get love."（有些孩子来学校是为了学习知识，而有一些则是为了寻求爱。）

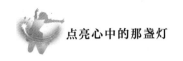 

# 03 提升学生专注力才能变得高效

近几年来，大家有没有发现，"专注力"这个词语被提到的次数越来越多。以前我们说某个学生注意力不集中，现在则会说某个学生专注力不足。网络上、媒体上也频频出现"锻炼学生专注力的有效方法"的标题。仔细看看不难发现，里面提及的很多方法根本不切实际。比如，有些所谓的偏方或是每天几分钟的练习，可以提高学生的专注力，实际上，有很多措施都是在浪费学生的认知资源和心理能量，最后反而伤害了孩子的专注力。更值得老师注意的是，很多所谓的建议与科学家、心理学家发现的注意力的运作方式毫无关系，甚至违背了人类大脑运作的自然规律。

## ▶ 何为注意力？

作为老师，我们自己先要真正了解什么是注意力。

老师常常会说，某个学生注意力特别集中，某个学生总是在神游，注意力不集中……

关于注意力，其实我们大多数人并没有自己想象中那么擅长集中注意力，实验数据早已表明，成年人能集中注意力的最长时限只有20—25分钟。就在我撰稿的过程中，我也会因为时不时想要翻看手机，或是想到其他工作事项而分心。作为老师，作为成年人，尚且如此，我们却总是希望学生能够做到连续几个小时都保持专注，是不是有点痴人说梦呢？

你可能会反驳："才不是呢！我一上午都坐在书桌前。"

我知道，任何一名学生都可以做到，但真实情况是你的确坐了几个小时，不过也会时不时地想看看手机，或者做其他事情，就和我撰稿时一样。

在做一件事情的时候，刚开始我们都很专注，在大约 9 分钟之后，就开始不受控地放松下来，注意力也会慢慢分散。换言之，就是转移到正在做的以外的事情上了，直到我们有所察觉之后，再重新把注意力集中到眼前的任务上来。这么看来，尽管我们坐在书桌前一上午，但并非是连续几个小时都保持专注，而是不断重复着集中→涣散→重新集中的过程。

当老师要求学生在课堂中做到完全专注时，就是在要求他们把注意力集中在学习这一件事情上，并保持这种状态。对老师来说都很难做到，更别说是学生了。故而，我们需要适当降低自己的期待，以免扼杀了学生的学习积极性。

尽管对个体的调查结果是因人而异的，可能会存在一些偏差，但也存在一些关于人类注意力的基本规则和普遍情况：以 3 岁儿童为例，他们的专注时间大概在 3—5 分钟；而 6—12 岁的儿童的注意力会迎来人生第一个高速发展期，专注时间可以提高到 10 分钟左右；到了 15 岁左右，注意力又会提升到第二个高速发展期，注意力保持在 20—25 分钟。但很遗憾的是两次飞速发展后，注意力发展水平基本停滞，水平趋于稳定。

对这份结果，可能很多人要提出质疑了，怎么可能只有这么短呢？其实这也是人类进化的结果。想象一下，在远古时代的大草原上，连续几个小时关注一件事是非常危险的，因为过分专注一件事，就很难发现周围是否有随时准备发起偷袭的捕食者。


再给大家讲一个有趣的心理学实验，哈佛大学的丹尼尔·西蒙斯教授和助教克里斯·查布里斯做了一个有趣的心理学实验——"看不见的大猩猩"。

他们利用哈佛大学心理学系的教学大楼，制作了一个简单的视频。在视频中，有两组女生穿着不同颜色的运动服，一组女生穿的是白色的，另一组女生穿的是

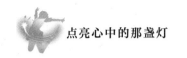

黑色的。两组女生都在不断地移动着互相传篮球，规则是白衣女生必须将篮球传给白衣同伴，黑衣女生将篮球传给黑衣同伴。

视频制作完毕后，分别播放给实验的研究对象观看。他们要求研究对象需要数一数，白衣女生之间到底传递了几次篮球，不用关注黑衣女生传递了多少次。

在受试者看完视频之后，两个人立即询问志愿者们，白衣女生到底传递了几次球。正确答案并不是研究重点，真正的重点是受试者是否注意到视频中出现的其他事物。因为视频中，两个心理学家设置了一个玄机，除了黑衣女生和白衣女生，研究人员还特意安排了一个穿着大猩猩服装的人走到屏幕的正中间，冲着观众捶胸顿足、耀武扬威，然后离开。这个过程在视频中不超过 9 秒钟。所以，在视频结束之后，他们询问的问题是："刚才你看见一只大猩猩了吗？"受试者都回答"没有"。

两位心理学家特别震惊，大猩猩这么明显的一个形象，竟然没有人看见。后来，他们终于找到了原因：当受试者集中注意力数球的时候，很容易忽视其他事情，即便是那些觉得本该轻而易举就看到的、特别鲜明的事物，也统统被忽略了。

后来，美国的 NBC、英国的 BBC 根据这个实验做了很多次现场测试，证明这种现象是普遍存在的。这和受试者的性格、能力无关，它只是一个普遍的心理现象。因此，这个实验证明了人类确实是有注意力方面的局限性的，而这个局限性导致我们看不见一些本该看见的事物。

到底是什么原因让所有人都看不见那只十分明显的大猩猩呢？

其实这就是我们人类知觉的一个问题，我们把它叫作"无意视盲"。

它是一种视盲，因为我们的确看不见本该看见的事情，但它不是真正的视盲（视觉系统的缺陷）。这是一种心理上的视盲，因为我们只关注了自己认为重要的事情，就没有关注那些认为不重要的事情。

在日常生活或者课堂学习中，其实也经常出现这种情况，叫作视而不见、一叶障目。因为我们不可能看到所有事，所以自然会做出选择。这个现象表明，从某个角度来说，很多时候，并不是因为学生的专注力出了问题，而是他们的心理状态缺失，而这种状态是可以进行改变和提升的。

既然这种"无意视盲"的情况对学习和生活毫无益处，那为什么会出现这种注意力障碍的问题呢？

这同样也是因为进化的缘故。在人类漫长的进化过程中，有时候，需要关注自己认为特别重要的事物，比如，饥饿时，我们一定会更关注食物，继而加强发现食物和捕猎的能力；口渴时，我们会更迅速、更迫切地需要找到水源；开车时，我们一定格外注意车子前方的路况。所以，这是人类进化选择的、特别重要的保护机制。正是因为有了这个保护机制，人类在注意力方面就会产生一种自我调节的能力，能够让我们将注意力投放在那些自认为需要关注的事情上，忽视那些自认为不需要关注的事情和目标。

那么，通过这个实验，我们能得到什么启示呢？

我想大家都明白了，很多时候，老师说某个学生的专注力差，可能并不是简单的注意力的问题，而是选择的问题。因为我们选择了自认为更有意思、更具吸引力的事情，而没有将注意力放在应该专注的事物上。

在训练专注力时，主要是训练注意力的调控系统，同时也要训练注意力的分配能力。

想象一下，如果我们对所有事情都去关注，很可能是什么都做不好，一事无成。

## ▶ 如何利用科学有效的方法来提高学生的专注力呢？

### 1. 培养学生一些应对复杂背景信息的习惯

心理学家妮妮·拉韦曾经做过一个实验，实验表明，当桌面特别混乱时，反而可以提高学生的注意力。这是因为在干净整洁、寂静无声的环境中学习，让学生过度关注整齐和安静，反而分散了注意力。如果是在一个混乱的环境里学习，

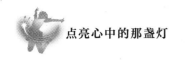

有时候反而能够提高他的专注力，帮助他在复杂的环境中忽视那些不重要的事情，从而专心致志地处理那些该做的事情。

这个实验对我们的启示是：学生认真学习，不一定非要创造安静的学习环境不可。

因为每个学生的特点不一样，能力不一样，专注力的程度也不一样。提高学生的专注力，可以让学生尝试着在复杂的环境中沉下心来学习。

当然，老师还需要多观察自己的学生。与其每每在上舞蹈课时，学生就特别紧张，如临大敌，还不如先观察学生的学习习惯，或者直接和他们讨论，了解一下是不是有什么因素容易让学生走神，有什么方法能让学生更加专注。比如，舞蹈课都是有音乐贯穿始终的，但后来我发现，在需要调动学生注意力高度集中的动作训练时，背景音乐无疑会成为破坏专注力的主要因素。所以，我对背景音乐进行过多次调整。

在生活中，我也有同样的经历。我的女儿小米粥在学习时想外放设备里播放的英语故事，我并不会阻止。但如果是背诵古文时，背景音乐让我听不清楚她背诵的内容，她就会主动关掉外放播放器。所以，这个决定权完全可以交给学生，按照他的学习习惯来就好。

老师可以用轻松、开放的心态去看待学生的学习，发现那些造成困扰的因素。其实，这些因素也会有意识地培养学生自我调整的能力，使其具备更强的适应力和专注力。

在日常生活中，老师可以多思考一下：还有什么方法可以更好地培养学生们的专注力？

### 2. 有意地开一下小差，有意识地放空

可能看到这里，有的老师和家长会觉得奇怪，这个建议似乎有些违背常识，毕竟集中注意力的本身就是不开小差、不神游，要专心致志地应对问题。

人类有一种开小差的本领，这种本领几乎是与生俱来的，那就是做白日梦。

著名心理学家吉尔伯特发现，人在大部分时间里，甚至是高达百分之五十的时间里，特别喜欢做白日梦、开小差，又或是想那些无关紧要的小事情。这种心不在焉，并不是因为大脑和思维出了什么问题，反而是人类大脑正常的运作方式。

脑科学的研究也发现，大脑之所以开小差，并不是无缘无故的。集中注意力需要大脑的前额叶的控制功能，它负责屏蔽干扰，控制自然的冲动，这才能保证大脑能够专心致志地做一件事情。但想要让这个功能正常运转，就必须让它时不时地休息一下。

哈佛大学心理学家保罗·赛里将大脑开小差分成两种：一种是故意的心不在焉，还有一种是意外的心不在焉。他发现，真正对专注力有伤害的是那些意外的心不在焉，主动开小差其实并不会伤害专注力，反而会极大地提升注意力。这是人类大脑的一个工作特点，主动开小差不会伤害大脑的思维，还能够提高大脑思维的效率和专注能力。

这个研究给了我们很大的启示：在学习和工作的时候，有意识地开个小差，可能会有极大的帮助。

一般来说，学生持续地学习了一段时间之后，老师就应该主动提醒学生，或者给学生提供机会，让他转换脑子，想想和学习无关的趣事，有意识地开个小差。这个小差可以是任何让他开心、觉得好玩的事情。

举个例子，当学生在一个问题上已经苦思冥想了很长时间，仍然找不到解决问题的方法，不妨鼓励他开个小差，去做点别的事儿，或许就能"无心插柳柳成荫"了。在舞蹈课堂上，我就经常对那些做舞蹈动作遇到困难的学生说："先别做了，过来休息一会儿，看看其他同学是怎么做的。"

如果还是不能解决问题，也可以带着学生们一起去探索和体验，通过吸收多元化的信息、感受多元化的体验来充实一下，改善他们的心境，培养他们的思维能力。始终保持开放、多元的心态，可以提高学生的专注力和解决问题的能力。

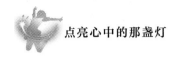

### 3. 让学生感觉良好

这个前提条件非常重要，在课堂上也会出现一些让我不知所措的情况。当我督促学生们在规定的时间里自行练习时就会发现，有的学生会很自觉地开始练习，而有的学生压根不动，仿佛自己是来欣赏舞蹈的。我会再次提醒，5 分钟后开始检查。然而，不动的学生只会嘴上应承，身体上没有任何反应。到了这个时候，我就不得不提高音量重复要求，那些学生仍然是一脸茫然，根本不明白老师为什么会生气，毕竟，他们已经回应过我了——这足以证明他们的态度是好的。很快，学生的注意力就转移了，立即就忘了要练习舞蹈动作。借助积极教育的方法，老师可以把这种不愉快的经历转化为锻炼注意力的机会。

作为老师，必须要先改变自己的关注点，不能一味地陷入沮丧情绪，而是换个角度，把这件事当作帮助他们集中注意力的好机会。于是，我从"你能不能马上做"变为"来展示一下你的专注力是不是很强，让我看看你是怎么做的。如果在哪个动作上面卡壳了，我也很愿意帮助你们"。除此之外，我不需要做任何复杂的事，只需要给他们一个肯定的眼神。在走神之前敦促他们把动作做完，帮助他们培养专注力。

说到这里，不得不提到欣赏美这个话题中的例子，我说舞蹈欣赏课只是一个小幽默，舞蹈课堂中那些优美的舞姿也是学生们欣赏美的最佳途径。学生只有感觉好了，才能调动更多的专注力，从而做得更好。这也需要老师掌握正确的引导方式和教育方法，并且拿捏好火候，做到因材施教才是上策。

# 04 拓展创造力，让学习更精彩

心理学研究发现，应试教育更容易对学生的心理造成负面影响，这就是典型的考试焦虑。而创造力下降也的确是应试教育带来的很大弊端。不会考试的学生特别容易怀疑自己的其他优点，也更缺乏信心。即便这个学生有其他优势也不一定能体现在提高学习成绩上，对老师来说，这种优势有和没有并没有什么区别。一些具有创新思维的学生也难以被现有的教学方式辨别出来，甚至还有可能因为成绩不足而遭受打击。

我国心理学家曾经提出这个问题——很多优势，如人际交往能力、创新思维能力都是非常珍贵且突出的优势，具备这种优势的学生可以学习哲学、艺术等学科，社会确实也需要这样的人才。可能有很多老师也会认为，我不指望学生中有多少人以后能成为大科学家，也不期望他们做出什么改变人类命运的重大科技发现，我就希望他能做个普通人，快快乐乐地过一辈子。甚至有很多老师都觉得，创造力可有可无，只是锦上添花而非必不可少。

其实，日常生活也需要创造力。著名的心理学家、心流体验的提出者契克森米哈赖教授在提出心流体验这一概念之前就发现有两种创造力：一个叫大创造力，另一个叫小创造力。

大创造力指的是那些能够影响人类社会和人类文化生活的创新发现，伟大的科学家牛顿、爱因斯坦，艺术家达·芬奇、贝多芬、凡·高等人所做的贡献，可以叫大创造力。

但是生活中还充满了许多小创造力，比如，当我们遇到一些新的问题，或者

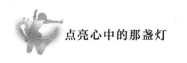 

是一些不可能完成的任务时，就要通过自己的思维和行动来找到解决问题的方法。应对这样的挑战，一般而言，有创造力的人更容易完成，做出别人做不到的成就，更容易成为佼佼者。

我们对创造力不以为意，大多是因为对其概念有一定的认知偏差。

## ▶ 什么是创造力？

2008 年，苏塞纳普里兹博士提出创造力的二维度理论，他认为一个具有创造力的人，他应该能够提出一些有创意、别人想不到的方案。同时，这种创新又能够解决生活中的具体问题，它具备新颖性和实用性。新颖性和实用性的英文单词的首字母一个是"O"一个是"U"，所以拼在一起就成了"OU 效应"。

新颖性，从统计学的角度来说，你能够想到一些很罕见的、别人想不到或是做不出来的事物。具有这种原创性和新颖性的人往往能够做出别人做不到的事情，从而引发众人的惊喜和赞叹。当然新颖性的程度有高有低，有些产品，如手机，升级前后完全变了模样。有些手机升级后只是细节上有所区别。但是不管怎么样，都是一种创新的表现。

实用性，是指你的想法是否具备实践性和可操作性，能够解决生活中的具体问题。真正的创造力一定是新颖性和实用性的结合，缺一不可。

## ▶ 如何在日常教学中培养学生的创造力呢？

我为大家归纳总结了以下五个方面以提升训练学生的创新精神。这一章适用于绝大多数的文化类学科及美育教育的老师们，后面会有专章来阐述舞蹈教学中关于创造性思维的内容。舞蹈老师们可以将二者自行整合。

**第一种方法：先培养学生的敏感力**

敏感力是指一个人对事物有洞察入微的观察力。当学生在遇到问题时能够抓住重点、要点，能够看清事物的本质，找到不足之处，从而能够创造性地找出解决问题的方法。这个着力点就是其敏感发现的地方。培养敏感力的先决条件就是要超越习惯、超越常规，有意识地做别人做不到的事情。举个例子，如果你总是去同一间餐馆点同样的菜，下次不妨试一试新的餐厅，或者点一份新的菜品，让自己有一种新的体验。这就是我们提倡的最简单的一个超越自己的方式，超越常规的心理感受。对老师而言，也一定要做出推陈出新的教学模式。比如，有好的内容可以时不时地在课堂上给学生做拓展和扩充，让他们有新鲜感，这才能激发其敏锐的洞察能力。

如果有新的环境、新的内容，完全可以提倡让学生自己去找感觉：和之前的环境有什么不同？有没有新的发现和感悟？……和学生们讨论细节：说说有什么感受？在这种鼓励下，他们会慢慢地找到超越常规的快乐。经常能看到美术老师带着学生去不同的地方写生，这就是很好的一种方式。谁说语文、数学就一定要在教室里进行呢？现在越来越多的教学理念认为，世界这个大环境才是最好的课堂、最丰富的课堂，其实也是在鼓励学生深入观察周围的世界，尤其是要关注别人不曾注意的地方和容易被忽略的地方。

分享一段我和女儿的交流：她背诵苏轼的《喜雨亭记》，最后一段中提及："太空冥冥，不可得而名……"我问她太空在哪里，她说在天的外面。我问是否可以看得到，她说看不到。于是，我把我的好奇分享给她，这篇文章写于宋代，那宋代人就已经知道什么是太空了吗？太空又在哪里呢？她惊讶地瞪大眼睛看着我，根本回答不出来。我提议一起去找答案。那天晚上，我们一起查遍了网上能够找到的宋代的科学家、天文学家，以及他们的发明，原来宋代在天文科学领域上整整领先了还处于中世纪后期的欧洲四百多年，对太空有非常具体的认知和了解。

通过这件小事不难发现，如果老师就是一个善于观察、有敏感力的人，这种

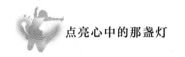

优势也会潜移默化地影响学生。

所以，我们完全可以尝试把知识拓展到课本以外，把环境转移到教室以外的地方进行观察，换一个心境，换一个视野，换一个角度。看看能不能让学生看到以前没有发现的细节，同时也鼓励他们将每一次观察的发现记录下来，让自己拥有重新认识世界的习惯和能力。这便是我们提倡的敏感力。当然，我们也可以让学生闭上眼睛，在脑海里回想一下，刚才都观察到什么了？比如，上学途中，或是回家的路上，有没有一些你之前没有注意到的细节？这也是提升敏感力的有效方法。除此之外，还需要尽量鼓励学生，拒绝成见。重新审视周围的人和事情，对真正有创造力的人来说，世界上就不存在永远，或者说是理所当然，他们在探索的过程中常常会质疑传统的假设，不断地寻找新的问题，挑战传统的认知，而不是习以为常地接受。

爱因斯坦曾经说过，用一个新的角度去看待旧的问题，就需要拥有创造性的想象力。在科学上，这本身就标志着真正的进步。鼓励学生在充分了解事物的基础上，转换视角，尽量尝试着站在不同的角度看待问题。同一个问题，不断改变视角，而不是用固有的成见和定论蒙蔽双眼，封闭心灵，不要将他人告诉我们的事情想当然地认为一定是正确的。其实所谓的创新，并不是学生们不能够接受的新观点，或者新的看待问题的方式，更多的时候，只是老师并没有想过。那些别人告诉我们的事情，接受的教育和思想观点，学生就自动认为都是正确的，也从来没有怀疑过。这种情况并不利于培养学生的创新能力。

想要培养学生的创新能力，就要鼓励他们尽可能地去寻找解决问题的不同方法，让他们切身感受到，很多事情可以用不同的方式去解决，找到其中的最优解。除此之外，老师还要鼓励学生养成主动学习新知识的习惯，这一点很重要，也是培养创造力的重要方法。

清华大学彭凯平教授曾提到过，20世纪90年代初，曾经开设过一门课程叫发展心理学，主要研究内容是人类成长过程中的心理变化，但这个研究比较有局限性，因为他们只负责研究到 18 岁就停止了。因为在那个时候，心理学家认为，人类取得的知识增长和能力变化以 18 岁为节点，前面是充分吸收和培养，18 岁之后，几乎不会再有变化的过程，包括感受快乐和幸福的能力，都是由 18 岁之前的经历所决定的。

心理学发展至今，早就发现这种观点是错误的，也早就开始研究人一生中的成长和发展。在我攻读研究生课程时，发展心理学已经被人类发展心理学所取代，内容包含了人生的所有阶段。

连心理学都是要经过不断发展去突破时代的限制，同样也是在表明，我们应该通过不断的学习，不断的阅读，继而不断去探索，不断去创新。平日里听些讲座，看看图书，游览一下名胜古迹，结识新的朋友……这些方法都是创新精神中的心理支柱，也能让我们保持旺盛的创造精神和创造能力。

作为老师，要给学生树立正面的榜样，用自己的行为激发他们不断学习、不断创新、不断进步的动力。除此之外，在激励的同时也要注意保护学生的求知欲和好奇心。对知识保持好奇是学生能够不断学习的重要心理动力来源。

有的老师因为教学任务重，对待课堂上学生提出的天马行空的问题，往往会敷衍作答，要么是不理不睬，甚至还会表现出不耐烦，这种表现对学生的伤害非常大。我的建议是，对待学生还是应该多些耐心，保护他们提问的天性。如果学生年纪小，问的问题或许比较不着边际，会让老师感到莫名其妙，但这种好奇心也是创造精神，即便回答不上来，也可以换一种方式，让他们通过阅读或其他方法找到答案。比如网络就是一个非常好的教学工具，我自己就很喜欢在 B 站上看一些舞蹈视频，遇到有趣的内容、与舞蹈课堂有关的拓展内容，也会转发到微信群里，让学生们自主观看。


**第二种方法：培养学生的流畅力**

什么是流畅力呢？它是指在短时间内构造大量想法的能力。创造力较强的学

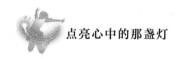

生的心智活动比较流畅，不容易出现停滞。也就是说，他能在很短的时间内，涌出大量的想法和创意。在现实中，我们总会遇到反应灵敏、点子多的学生，其实就是具备流畅力的人。

著名的心理学家吉尔福特曾把流畅力作为衡量创造力的特别重要的标准。测量采用单词联想的方法。比如，他给受试者们一个概念，让他们尽量写出所有能够想到的词语。这有点类似于"近义词"联想，老师可以测试一下学生，看看他们的流畅力如何。

如何去训练学生的流畅力呢？大概可以分为三种方法：（1）观念的流畅力，这是指能不能根据某个主题，想到类似的相关事物。举例说明，让学生迅速说出属于半圆结构的物体，答案包括拱形桥、降落伞、游泳帽，等等。（2）联想的流畅力，这是指能不能根据某个观点和信息产生相关联的想法。举例说明，让学生列出"承担"的近义词，答案包括担当、承受，等等。（3）表达的流畅力，这是指能不能用不同的表达方式表达出自己的观点。举例说明，学生考试没考好，那就让他用多种方法解释没考好这件事情，不是找没考好的借口，而是用不同的表达方式说出"我没考好"这件事。

心理学中有一个常见的创造力的测试——遥远联想测验。它是根据一些彼此无关的字词，让受试者尽量写出所有能够想到的、有意义的句子，写得越多，流畅力就越强。

比如，给出三个彼此无关的字：牛、桥、土，用这三个字组合成一句有意义的话。答案有"牛走在土桥上"，同学写得五花八门，有的句子都不通顺，但这个实验能让同学们在有趣的互动中去思考。

在课堂上，老师可以经常使用这些方法与学生进行互动问答。让他们在轻松、愉悦的氛围中，激发出各种奇思妙想。除此之外，还可以适当地引入竞争机制，让游戏更有趣、更好玩、更有竞争性。

**第三种方法：培养学生的变通能力**

什么是变通能力？它是指能够突破常规、变更思维和处理紧急事件的能力。这种能力可以不断拓展学生的思维空间，使学生学会站在不同的角度思考和看待同一个问题，也就是我们通常说的举一反三的能力。

心理学家发现，那些具有创造力的人的思考方向往往是千奇百怪，甚至是出人意料的。因为这些人总能够跳脱出常规的构思框架，提出新的观点。清朝官员纪晓岚就是一个经常有奇思妙想的人，他的变通能力特别强，有这么一个故事特别能够表现这一点。

有一天，乾隆帝下令让纪晓岚写扇面儿，他写了唐代著名诗人王之涣的诗：

> 黄河远上白云间，
> 一片孤城万仞山。
> 羌笛何须怨杨柳，
> 春风不度玉门关。

纪晓岚无意中把诗中第一句的"间"字漏写了，少了一个字。乾隆帝一看非常生气，觉得纪晓岚枉为"才子"之称。纪晓岚连忙机智地说，这不是王之涣的诗，而是一首新词。

乾隆帝很纳闷，问他：这怎么会是一首新词呢？纪晓岚改变了断句，果然成了一首新词。

> 黄河远上，白云一片，
> 孤城万仞山。
> 羌笛何须怨，杨柳春风，
> 不度玉门关。

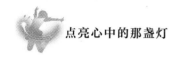

乾隆帝当然知道这里的弯弯绕，但还是被纪晓岚的随机应变逗得开怀大笑。这就是一种典型的变通能力。

心理学家吉尔福特就提出过一种非常实用的测试变通能力的方法。举个例子来阐述一下这个实验方法：老师要求学生在规范的时间内说出砖头的不同用途，不同的学生给出了不同的答案。普通的学生会举出盖房子、砌围墙等答案。但这只是砖头的常规用途，所以能看出这些学生的变通力较弱。稍微有点变通力的学生回答说可以当板凳、打狗、磨镰刀、写字等。特别具有变通力的学生回答，当镇纸、支书架、钉钉子……

在日常教学中，老师可以和学生多做一些类似的小游戏，讨论一些常见物品不同的使用方式。

我们用这样的练习来考虑一些复杂的人际关系和社会问题，鼓励学生变通、发散、思考各种能够想到的解决问题的方法。

**第四种方法：培养学生的精进力**

什么是精进力呢？它是指在原有的基础上再增加新元素的能力，以便达到丰富内容、锦上添花、增加趣味性的目的。要培养学生心思缜密和思考周全的能力，让他们做到精益求精。要知道，很多创新在最初常常是不符合常规和传统认知的，容易遭到周围人的排斥，甚至是反对，因此，有创新精神的学生必须还得有坚韧不拔的品质，坚定自己的态度，不断尝试，不断完善，以获得大家的支持。精进力强的学生具备这种坚韧不拔的精神和锲而不舍的态度。

这种能力要如何培养呢？老师可以和学生们经常玩一些用途测试的游戏，让他们尽可能地列出某件东西所有的用途。比如，空的矿泉水瓶有哪些用处？把所有的想法都列出来，回答得越多、越仔细，这个学生的精进力就越强，尤其是到后面，能够想到的事情越来越少，这个时候，老师就要鼓励学生再多想一想，还有没有其他答案，也可以和同学们一起想答案。除此之外，培养精进力还可以从学生喜欢做的事情开始。比如绘本，大部分低龄段的学生都喜欢听绘本故事，老师可以在课堂中花一点儿时间做绘本故事的分享，并融合教学内容的需要，进行适当的挑选。

**第五种方法：培养学生的想象力**

什么是想象力？它是指人根据大脑中的记忆表象，特别是形象，进行全新的加工、改造、重组和创作的思维能力。想象通常建立在日常生活的感知基础上，大脑中存储了很多图像，把图像进行加工，就产生了新的形象。因此，想象力通常是根据图像转换而来，而不是根据简单的字词和符号。

培养想象力的方法至少有四种：

第一种叫作联合——把客观世界中从来没有放在一起的属性和特性放在一起，在脑海中把它加工成一个新的形象。比如，把肥头大耳的猪和人的身体结合在一起，就成为大家熟悉的猪八戒的形象。在所有的文学创作和艺术创造的过程中，作者就是用到了联合能力。

第二种叫作夸张——通过强调事物中的特性，把这部分进行夸张。比如，你要夸张地表现这个人的眼睛，就可以画成"大头娃娃"，重点在于突出眼睛。这就成为一个新的形象。

第三种叫作典型化——把事物原本具有的特点概括、提炼，继而创作出来的形象。文学作品和艺术作品会经常用典型化来完成想象。比如，画家经常画叶子，但叶子都是不同的，想要使叶子变得典型化，就需要运用典型化的能力，把叶子的特点挖掘出来。

第四种是随意的联想——从一个事物想到另一个事物，可以帮助学生创造出新的形象。比如，地上有一个阴影，我们可以把它联想成一个窈窕淑女，或是一个彪悍的侠客。这就是联想，从阴影想到画作，看到的就是画作。这种联想是运

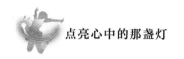

用最多的想象方法。

在课堂上，老师可以随时和学生沟通，培养他们的发散性思维。比如，老师今天穿的衣服像什么？某个事情发生在你身上该怎么办？通过这些询问让学生充分发散自己的思维，并鼓励他们说出来。

当然，这些方法并不一定适合所有人，老师最好和学生一起做，尝试是否还有其他技巧。老师的正面反馈和榜样力量也会鼓励学生，促使他们不断去发挥和优化自己心智的优势。

### ▶ 如何用舞蹈培养学生的创造思维和创造力呢？

我总结了舞蹈课堂中行之有效的方法，最关键的是要多给学生提供创作的机会。

观察发现，无论是舞蹈学院，还是舞蹈培训班，课程表总是排得满满的。老师的教学任务通常也很繁重，这也难怪，很多舞蹈老师一遇到舞蹈组合中需要学生创编的部分就直呼头疼，别说几个八拍了，甚至连一个造型都得让学生们苦思冥想大半天。

其实，大多数舞蹈学生，甚至是舞蹈老师都不擅长运用想象力和创造力刻画人物的性格，表现人物的情感需要。教学的目的不仅仅是让学生学会某一学科的知识，更要注重发展多元智力与心理能力。因此，我们应该反复推敲课程内容，并科学合理地安排课程顺序和时间规划，以适应培养学生创造思维和创造能力的需要，把规划出来的时间供以下的创作活动来使用。

#### 1. 在课堂中增设表演环节

舞蹈老师都知道，艺术表演并不是简单的说教就能让学生做好。一段优秀的舞蹈作品，表演者必须拥有活跃的思维、丰富的想象、充足的自信、饱满的情感等，才能完美而充分地展现出来。这种理想状态是可遇而不可求的，在宝贵的教学时间、繁重的教学计划面前，很难做到。于是，原本应该让学生们去思考的部分，都变成老师自己想，学生来模仿。实际上，老师也都很无奈。要改变这种状况，就需要在教学过程中进行巧妙的时间安排和课程安排。

我总结的课堂经验是，一开始除了个别表现力特别好的学生，大部分学生都会不好意思表现自己，有时逼急了他们反而更腼腆。所以凡事还是要循序渐进。不要一开始就说要多少个八拍的动作，可以先有造型，从一个造型出发，然后去想象一下音乐中的故事情节。一个造型其实就是一个词语。把词语进行造句，一句变两句，随着内容的不断扩充，能够发挥的空间也就慢慢增加，加之这个情节是学生自己想出来的，融入他们自己的认知和思考，而不是老师强加给他们的，这样可以让他们自己有更多的掌控感，更能驾驭自己的想象力和创造力。

### 2. 给学生自由创作的时间

繁重的教学内容确实让不少舞蹈老师深感无奈。我的建议是，准备工作在课堂中完成，创作部分可以让学生自行完成，这样时间弹性就能增加。但也不排除学生不自觉的情况，在约定好的期限没有认真去创作出要求的动作，遇到这样的学生，我们就要更多考虑他的情绪情感和学习动力这些最基本的因素，包括进阶的创造力的培养。让他们作为观众参与其中也是不错的选择。

### 3. 进行观察练习

低龄段的青少年所掌握的舞蹈动作和相关技能是比较少的，对他们来说，表演环节要求过高了，然而，作为学生心理素质的训练和培养，观察练习是效果非常好的突破口。毕竟艺术源于生活，老师一定要在日常生活中主动引导学生根据自己的审美情趣去发现美、选择美，然后运用自己的身体动作展现美。比如，让他们去动物园里观察各种动物，并通过自己的理解模仿出来。之后，就可以记住这些展现出来的动作，用于后期的创作。尽管这些练习只是模仿动物，却是锻炼

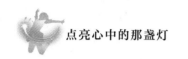

学生视知觉和自由运用身体传情达意的基础手段。或许现阶段他们还不一定都能够运用得上，但可以在点滴里培养他们善于观察的能力，并且在今后的联系中能够从中进行提炼、改造和培养，在不知不觉中，创造能力就此萌发了。

### 4.培养学生广泛的艺术兴趣

一名舞蹈家要想拥有更全面的才能，就必须增强对各个艺术领域的兴趣。众所周知，音乐与舞蹈之间存在密切且相通的关系，多听音乐对提高学生的艺术素养很有帮助，继而能提升学习舞蹈的效果。所以，老师可以利用课前热身的短暂时间播放一些适合的音乐，让同学在热身之后，能伴随着音乐迅速进入学习状态，岂不是一举两得吗？

舞蹈教学还可以和美术结合，让同学们多欣赏一些优秀的美术作品，从静态的画作联想到动态的舞蹈；在低年龄段青少年的教学过程中，他们的欣赏水平有限，老师还可以尝试着通过绘画、手工的融合达到这种效果。

除此之外，还可以把文学作品组织到学生的创作活动中来，通过对童话、诗歌、散文等的学习，来启发学生的舞蹈意象。国内外有那么多优秀的儿童绘本故事，都可以拿来作为培育学生创造思维与创造力的优秀素材。老师可以在很多地方引导学生与舞蹈进行联系，想象舞蹈的意境，这是一种专业的定向注意，文艺心理学把它叫作创作的职业敏感性。在前面的章节里，也提及了舞蹈学习需要极强的敏感力。这种敏感力需要从小培育，久而久之，同学们的想象能力和创造能力就会逐渐发展和提高。这也是文艺工作者非常可贵的心理素质。

很多老师都觉得奇怪，为什么学生的抽象思维基本都会落后于形象思维呢？诚然，舞蹈是一门视觉的艺术，的确会更加促进学生的形象思维，但另一主要原因是老师们越俎代庖，把比较、分析、判断、推理的工作都大包大揽，自己进行一番苦思冥想，把抽象思维的成果直接灌输给学生，这的确是省了一番工夫，却让学生失去了训练抽象思维的机会。教育家叶圣陶先生有句名言："教是为了不教。"这种越俎代庖式的教学方法，永远达不到"不教"的目的。

### 5. 鼓励学生创造的勇气

一些学生不是没有创造的能力和意识，而是没有表现的勇气。传统舞蹈教学"注入式""填鸭式"教学的后果之一就是把学生的创造欲望给压抑了。老师应该多多鼓励学生创造的勇气。

无论动作是不是那么优美、连贯，甚至有点不协调，也千万不要嘲笑、挖苦，而是先肯定其创意，再引导如何修饰使舞蹈动作更流畅舒展。

### 6. 给热爱创造的学生足够空间

期待学生成才是每一位舞蹈老师的共同心愿。各种舞蹈比赛更为集中地体现了这种心愿。尽管热爱创造并具备创意的学生难能可贵，但在实际教学中老师们不一定都会喜欢这些学生。

艺术领域的课程弹性还是比较大的，它不像学科类的课堂那么严谨。但是对某些有独立见解的学生，老师有时也会觉得这样的学生很难引导，总给自己添麻烦，使这些学生受到冷落，这种实例屡见不鲜。但仔细想想那些在各个领域出类拔萃的成功人士真的都是最受老师喜欢、最乖的学生吗？细想学生时代我也许是老师们口中的那个"歪才"，但"歪才"也是能结出正果的。这也可能是那些在很多老师口中"执迷不悟"的学生到了我的舞蹈课堂上却总是表现得挺好的主要原因。我能懂他们的内心。他们也是曾几何时的那个我。因此，舞蹈老师一定要热爱那些善于创造、拥有思维广度的学生，要注意引导发掘，并积极培养他们的创造力。

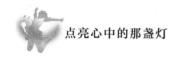
# 05 培养情商在教育中的重要性

我以前遇到过这样一个学生，虽然只有一节课之缘，却让我感触颇深。

有位家长带了一个学生来上体验测评课。这个学生之前在其他机构学习舞蹈已经很长时间了，所以课堂表现非常不错，也比较配合我的教学。在课间休息时，我和她沟通了一下，对她之前的舞蹈学习经历和今天课堂的感受做了交流。这个过程是比较流畅的。下课后，她的妈妈过来与我交流体验测评课程的情况。突然，这个学生说："我妈妈是因为之前那家培训机构学费太贵了，你们这儿便宜，所以想让我换到这里来学。"

那一刻，我真正明白了什么叫"瞬间石化"。她的妈妈和在场的其他家长也都非常尴尬。后来便匆匆告辞了，自然也就没了后续。

后来介绍她们过来的那位家长和我聊天时告诉我，其实那学生成绩挺好，性格也活泼。大家一开始都挺喜欢她的。但是接触的时间长了，就发现她做事、说话的方式实在很难让人喜欢，慢慢地，学校的老师和其他家长提起这个学生都纷纷摇头。

其实，这就是典型的情商不高，老师也一定遇到过这类学生。哈佛大学心理学博士戈尔曼说："一个人成功与否，智商只占了20%，而情商的比例却高达80%。"

很多老师觉得，培养学生的智商很重要，却不自觉地忽略情商的培养，但事实上，缺乏情商的学生，智商再突出也很难成功。他们的未来，甚至很可能会因此而丧失很多机会，遭遇很多打击。

## ▶ 揭秘情商到底是什么？

情商（EQ）这一概念最早是由美国耶鲁大学心理学家彼得·沙洛维教授和新罕布什尔大学心理学家约翰·梅耶教授于 1990 年提出的。情商也是社会智力中的一种。

戈尔曼教授指出情商包含了 5 个方面的内容，具体如下：

1. 识别情绪的能力；

2. 管理情绪的能力；

3. 承受挫败的能力；

4. 和他人共情的能力；

5. 人际关系管理的能力。

那么，情商低的表现都有哪些呢？相关专家归纳出了判断低情商的 6 个表现，具体如下：

### 1. 一言不合就发脾气

在课堂上玩游戏输了、没有拿到喜欢的贴纸……一点小事不顺心就大发脾气，极其情绪化。

### 2. 只在意自己的感受

有好东西先抢到自己怀里，要求别人做什么，对方必须马上做到；别人对他提出要求，他就不理不睬。

### 3. 爱抱怨，爱指责别人

遇到一点小事就爱抱怨，遇到问题，永远把责任推给别人，而自己没有任何问题。

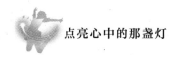 

**4. 禁不起批评，抗挫能力太差**

一被批评就哭闹不止，控制不住自己的情绪，遇到一点困难就退缩。

**5. 爱戳别人痛处**

给别人取外号，故意惹怒别人，我们会觉得这是小孩子不懂事，事实上，这是不懂交际。

**6. 不守秩序，听不了别人的劝告**

这类学生往往缺乏自控力，很容易在遵守社会秩序、人际交往方面出现问题。

如果你的学生有这些情况，从某方面来说就是情商低的表现。老师一定要重视，因为学生从小的行为举止，往往映射出他长大后的样子，影响着他的一生。

在当今社会，如果不提高情商，长大后的路会更难走。情商低的人，不仅难以被身边的人喜欢，成长之路也走得很辛苦。

"以前以为喜欢独来独往是个性，现在才知道是自己情商低，事业失败情场失意，也没什么朋友，不受人喜欢，我真的很讨厌这样的自己。"这是我曾经看到过的一句话，出自我身边一个受挫的新人老师。

低情商虽然看不见，摸不着，但它就像是一把无形刀，在无形中割裂他人的日常，伤害他人，甚至是摧毁自己的人生。

情商低的学生，很难与他人、与世界和谐相处，也很难悦纳自己。久而久之，作为老师，你也很难在课堂上留住这样的学生。

### ▶ 应该如何培养出高情商的学生？

当学生出现了情商低的表现，老师一定要及时审视、反省自己的教育方式。

高情商的学生在课堂中的比例越高，有利于老师教学的有序推进，事半功倍，何乐而不为？

幸运的是，学舞蹈的学生一般年龄尚小，行为举止等并未完全定型，只要掌握方法，刻意练习，高情商也是可以培养的。我来给老师们支支招儿。

**1. 教会学生处理情绪**

曾经在超市遇见个哭闹的孩子，爸爸一脸严肃地说："我数到三，马上停止哭闹。"他刚数完，那声嘶力竭的哭声立马收住，只见孩子抽噎着很努力地吞下哭声。爸爸很满意地带着孩子离开了。

其实，我挺心疼那个孩子的，不管他哭闹的原因是什么，情绪被压抑，无法排泄的情绪积攒在心里会成为不可逆转的内伤。

戈尔曼教授认为，老师有三类做法是不利于培养高情商的学生的，具体如下：

（1）忽视学生的负面情绪，觉得这些与学习无关，所以并不重要。

（2）对学生出现的负面情绪感到不满，甚至是指责或处罚。

（3）接纳学生的负面情绪却不闻不问，没有及时引导学生正确处理自己的情绪。

当学生在课堂上出现负面情绪时，建议老师们温柔地接纳学生的情绪，并引导学生处理负面情绪。

比如，当学生因为疼痛而哭泣时，老师应该先共情他伤心的情绪："我知道你现在很难过，我能为你做什么吗？""我们一起想想，怎么能让自己开心一点又不会影响正常上课呢？"

当学生生气时，要先理解他的愤怒，抽空和学生促膝谈心，并告诉他可以理解他的感受。

沟通时，多用"嗯""原来是这样啊"这类语言抚平学生的内心，并给他消化情绪、恢复平静的时间，让他们先释放负面情绪。

**2. 培养学生乐观的态度**

这里又要提到我的女儿小米粥，和她共处过的家长几乎会在短时间里和她变

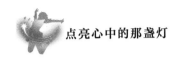

得亲近，遇到小朋友不愿意和她分享玩具，她还会自我安慰："没关系，我等他玩好了再玩。"她真的是个非常乐观且豁达的孩子。甚至有时让我都觉得心生羡慕。

其实，乐观是一个人高情商的关键，因为乐观的人更能积极地面对问题，抗挫能力更强，且不容易受到外部环境的影响，有自我鼓励的精神。

### 3. 多给学生创造人际交往的机会

很多父母担心，孩子小，容易受伤，就把他们养在家里、抱在怀里，对其保护过度。所以，被保护过度的孩子来到学校，就不懂得如何和其他同学相处。

《美国儿科学会育儿百科》一书中明确指出："儿童学习与他人相处的最好方式是获得大量的学习机会，虽然他现在的行为不利于和人交往，但家长或者老师还是应该积极创造机会让他和别的儿童一起玩。"

他们也许会吵闹，但也能在"实战"中学习处理矛盾、团结合作、沟通协调等的能力。

当然，老师们也要注意观察这类学生的表现，事后进行引导。如教会学生礼貌："老师听到你说了'请'字，真为你开心，你原来是这么有礼貌的孩子。"教会学生分享："如果你做好准备，老师觉得你愿意分享玩具给小朋友，一起玩更开心，对吗？"教会学生次序："这个是公共教具，想拿需要排队，谁先来，谁就排在前面，有秩序才可以玩得更开心。"

除了家长，老师就是学生最好的情商教练，只要耐心教育、细心引导，学生的情商就能越来越高。

但不得不承认，很多成年人情商低而不自知。如果在生活中出现这样的问题，我们也应该反思一下，在关注智商培养的同时，也一定要记得情商的培养。

作家柯云路曾说："情商比智商在更大程度上决定着一个人的爱情、婚姻、学习、工作、人际关系以及整个事业。"

请记住：拥有高情商的人，对内更能悦纳自己；对外更懂得尊重别人，能与社会和谐相处。

## 06 理解教学中的情绪管理能力

对很多老师来说，"情绪管理"还是个新名词，但早在 20 世纪 50 年代，国外就已经有研究学者提出了这一概念，并在之后的几十年中不断完善它。

### ▶ 情绪的力量在课堂中所发挥的作用

从心理学的理论角度来讲，情绪和性格一样本身并没有好坏之分。只是积极的情绪可以引发更多正面行为，而消极的情绪则会带来更多负面行为。

正面情绪可以给学生带来更多的正面影响，是成就他们幸福人生的法宝。

可以想象一下，一个在负面情绪中长大的人，其性格发展和成长道路肯定会受到很多不良影响。所以，要想做一个合格的舞蹈老师，或者是其他任何学科的老师，不但要担负起学生学习上的指导工作，而且要尽可能地帮助学生管理好自己的情绪。引导他们成为自己情绪上的主人，让他们能够很好地运用正面、积极、稳定的情绪处理问题，无论是学习舞蹈，还是学习其他学科，都能做到事半功倍。

### ▶ 了解培养正面情绪的关键阶段

有一天，5 岁的凯凯（化名）刚走进教室就问老师："老师，我上次放在这边的橡皮泥呢？"

老师回答："哦，刚刚过来打扫卫生的阿姨看到之后就随手扔了。"

"她凭什么扔掉我的橡皮泥？我还要呢！"凯凯听了之后特别生气。

"橡皮泥放在空气中时间长了，就变干了，阿姨就给扔掉了。"老师说。

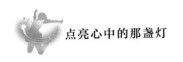

"我不管，我就是要我的橡皮泥！"凯凯一副不肯妥协的模样。

过了一会儿，他看老师也不理他了，就坐到地上，开始放声大哭。

老师本想拉他起来，却被他用力地甩开，仍然哭闹不止。

为了不影响其他学生的学习，老师决定先冷处理凯凯。

又过了一会儿，老师过去问他："凯凯，你想玩游戏吗？我们要玩游戏了。"

"不想！"凯凯一边哭一边回答。

老师闻言转身走了。又过了一会儿，老师再一次问他："你是想继续坐在这里哭，还是想跟我们一起玩游戏？"

"什么游戏？"凯凯似乎也过了这股劲儿了，问道。

"《穿越火线》。"

这是凯凯最喜欢玩的游戏，他想了一下，吸了吸鼻子站起身来。

老师把他带了回去，开始和其他同学一起玩游戏。很快，凯凯就破涕为笑了。

放学后，老师对凯凯说："老师没有及时和阿姨说橡皮泥不要扔，是老师想得不够周到，下次我们一定记得把自己的东西收拾好。但你冲老师乱发脾气，影响了其他同学上课，是不是也不对啊？"

凯凯点了点头，有些不乐意地承认了。

"发脾气和哭闹都不开心，还是和小朋友们一起玩游戏更高兴。下次我们不乱发脾气，也不哭了，好不好？"老师接着说。

听到老师这么说，凯凯思索了一下，说："好！下次我不乱发脾气了，老师不开心，我也不开心。我们一起玩游戏最开心！"

3—6岁的儿童虽然情绪依旧是多变的，但是他们比起1—3岁阶段已经能够听懂并逐步接受老师的教育和引导了。因此，这一阶段可以算是培养学生正面情绪的关键期。

### 1. 管好老师自己的情绪

想要学生在课堂上保持积极的情绪，老师就要先控制住自己的情绪。如果遇到学生做错事之后，千万不要胡乱批评，更不能胡乱发脾气。在培养学生情绪这个方面，老师更应该先检视自身的情绪模式是否妥当，这就是我们常说的"言传身教"。要知道，老师如果有不良情绪，会直接影响学生的情绪培养，所以老师一定要先控制好自己的情绪，才能去教育学生。

### 2. 做学生情绪的疏导员

当学生出现负面情绪，老师要及时地进行干预，帮助他们找到原因并引导他们调整情绪，这是一种行之有效、立竿见影的沟通方式。当老师能够耐心倾听学生的心事时，他们就会获得"父母或者老师很关心我"的安全感。这是培养稳定情绪的基础。

### 3. 帮助学生学习控制负面情绪的技巧

研究表明，运动是一种有效的减压方式，因此，舞蹈课程就完全可以让他们在舞动中学习到一些放松大脑的技巧。这些都能帮助学生舒缓压力、控制情绪。

### 4. 帮助学生建立自信

自信心是帮助学生拥有良好的抗压能力及消解负面情绪的有力帮手。在平时，老师要常常鼓励学生、肯定学生，让他们对自己有信心。拥有了自信，自然能提高情绪的表达能力。

虽然有的老师也会说，年纪小的学生情绪总是阴晴不定，似乎没有定型。对家长的不满意，对学校的不满意，哪怕是对自己今天衣服颜色的不满意，都会引发他们对舞蹈课堂和老师产生抵触心理。想要和他们好好沟通，实在是太难了。心理学家通过研究发现，情绪脑对人们的学习、记忆、决策等过程都有着重要的

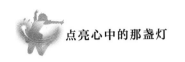

影响，能够很好地管理自我情绪、拥有正面情绪的人，通常智力水平也较高，在情绪和理智发生冲突时，这样的人通常更能用理智控制冲动的情绪；反之，不能很好地控制自我情绪、抱有负面情绪较多的人往往就更容易被情绪所左右，也就是我们称为情绪化的人。在生活中这样的人更容易陷入情绪的困扰和困难的处境之中。

所以我们经常会看到在课堂上，有时候一个学生听到或者看到其他学生在哭，他自己也会跟着哭。又或者是听一段比较悲伤的音乐，这种情绪的感染让他情不自禁地哭泣。

然而，我们深知，无论是谁，都会有理智无法控制情绪的时候。那是为什么呢？其实，人类的情绪脑的反应比理智脑的反应要快五十倍，故而，人们的情绪反应通常是不受控制的。这就更加说明，学习情绪管理的必要性和重要性，只有培养良好的情绪管理能力，才能尽可能多地用理智去思考事情，而不会被不良情绪左右，我们要做情绪的主人，不能变成情绪的奴隶。那么，该如何来保护学生的情绪脑发育呢？我总结了一些经验，不妨试试以下几个办法。

### 1. 善于培养学生表达自己情绪的能力

当学生出现情绪时，我们要帮助他们去表达自己的感受："你现在是生气了吗？""老师知道你觉得有点儿疼，是吗？""你感到伤心了，是吗？"

尤其是低年龄段的学生，他们中的很多人还不是很了解与情绪相关的词汇。老师要多灌输，鼓励表达，长此以往就可以在后期的学习中提升师生之间的交流和情绪的正确表达，为学生进一步的情绪发育和情感认知奠定基础。

### 2. 为学生营造和谐的课堂氛围

健康的师生关系是培养学生积极情感的重要基石，因此老师要注意自己的情绪。不要因为自己的情绪问题波及学生。需要注意的一点是，人际关系不仅仅是我们大人的事，还会影响学生积极情感的发展。

### 3. 培养学生应对挫折的积极情感

虽然如今的成长环境越来越好，但数据表明，学生内心的承受力越来越差，稍微遇到一点困难就难以控制地爆发，老师们怎样安慰都不起作用。因此，我们要鼓励他们采用积极的态度主动解决困难，培养他们积极的心理反应模式。切勿硬碰硬或者一味妥协讨好。《正面管教》的核心理念——和善而又坚定用在此处再恰当不过。

另外，我们都知道环境对儿童情绪的影响是很重要的。如果受到家庭或者课堂中不良环境影响有可能产生各种因不良情绪所导致的不当行为。假如这种关系继续发展下去，只会让学生的情绪越来越糟，还会产生一系列心理问题。

我自己就曾经遇到过这么一位家长。每次送学生来上课就发脾气，不是嫌弃太热，就是嫌弃学生太磨叽……前一分钟还和颜悦色地与我交谈，后一分钟就会因为一些小事和其他家长发生口角，给我们的教学管理带来了一些小麻烦。当老师遇到这种环境下成长的学生，我们就应当注意多观察该学生的课堂行为和情绪。了解其情绪周期。根据他们情绪调节的特点给予适当的关注和引导。及时调整自己的说话方式和包容他们有时不受控制的情绪反应。正确地引导学生做情绪的主人。当然还有一点也很重要，老师自己首先不能是被情绪控制的人，我们必须要以身作则，才能让学生们有正确的模仿对象。

教学之路需要我们这些老师不断去探索、学习和改进。任何时候做改变都不晚。我们都希望自己的学生能够健康、快乐地成长。正如我常说的，我们在教授知识，同时也是在育人。我们的最终目的不是培养多少个科学家或是舞蹈家，而是让我们的学生最后长成他们理想中的样子——阳光、自信、勇敢、坚韧等。在教育的路上，在这条注定了不平凡的路上，我们还有很长的路要走。

第四章

润物细无声

4

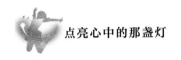
# 01 正念老师培养正念学生

"正念"是时下很盛行的一个概念。大家总觉得它具有一种神秘感。其实正念来源于古老的佛教文化，是佛教文化中倡导的一种自我观照的修行方法。在20世纪70年代，心理学家们将其从佛学和禅修中提取出来，衍生到身体健康和心理疗愈的领域中，并将其定义为是一种能够将人们的注意力集中于当下的一种有意识的觉察，且不做任何评判。如同一盏心中的灯，只是给予光明。正念，其实很简单，简单到你可能什么都不做。如同一个刚刚出生的婴儿一般，只需要带着一颗好奇的心，静静地去观察自己，觉知这世间一切即可。能够做到安止内心之猿，增强智慧之灯，疗愈内心创伤，这一点也不简单。越来越多的人因为学习正念而受益。大量的临床数据表明正念能够提升人们的身心健康，增进集中注意的能力，提高自身免疫力等，可谓是修身养性之"宝"。卡巴金教授来中国传播正念减压疗法的时候，非常真诚地说，他是来"还宝"的。为什么这么说呢？因为正念来自东方。现在只是重回东方了。或者从某种意义上来说，正念其实一直都没有离开过中国。

对很多老师来说，正念是一个只停留在字面意思上的存在。国内对正念的实行方式和宣传手法五花八门。我试着用简单的几句话总结一下，但请相信，所有的心理学概念都不是可以用简单的几句话或者几个字就可以说清楚的，所以，当你有疑惑时，建议还是要看更专业、详细的学术论文或者书籍去多做了解。

## ▶ 到底什么是正念？

正念是指带着善意与耐心，专注于觉察自己与外在当下发生了什么。

如何通过正念让自己变得专注？我们需要观察呼吸、聚焦注意力、扩展觉察，就算在世事艰难时依然保持耐心，如此才能锻炼我们的专注力。

## ▶ 老师的正念是怎么影响学生的呢？

在一项关于正念的家庭研究中，心理学家发现只要父母的正念程度越高，孩子的也越高。如果孩子的正念程度越高，压力则越小。教学中也是同理——老师们的正念程度越高，则学生的也越高。

作为一名老师，除了自己从正念中受益，我们也可以在以下三个方面给学生指导：

1. 教会学生专注于当下；

2. 有效地处理人际冲突和应对压力来源；

3. 指导学生有效地提高正念的程度。

我曾经读过一本关于正念的著作。作者把大脑的消极思维偏好比喻为一天二十四小时里循环播报坏消息的电视台，为什么我们不用正念将心情电视重新调回到优势频道呢？我们可以问问自己："我可以调动什么优势来处理这些负面情绪呢？"老师可以鼓励学生这样问自己。

## ▷ 分享：我在舞蹈课堂上经常使用的小练习

老师们可以在课堂中休息的时间、热身的时间、结束的时间，所有你自己认为适合的时间点去做尝试和练习，或许会给你带来意想不到的惊喜。

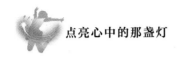

### 1.专注于呼吸

专注地坐好，背部挺直，身体放松。观察你的呼吸。

轻柔、和缓、专注地呼吸三次，感受气流在身体内的感觉。

吸气，感受空气流入鼻子。你感受到空气轻轻流过鼻腔的感觉了吗？

呼气，数一。

吸气，体会空气充满肺部。你的胸腔是否隆起？

呼气，数二。

吸气，观察腰部随气息流过而扩展。你的肚子是不是看起来很圆，就像一个气球？

呼气，数三。

......

重复两次上面的过程，将空气吸入鼻孔、肺部和肚子。请专注于呼吸，感受这清醒的感觉，适合在一节课开始时更好地让自己或是学生进入愉快轻松的课堂氛围当中。

### 2.自我鼓励

专注地坐好，背部挺直，身体放松。

当你尝试新的挑战时，你是否会感到紧张？也许是因为你觉得自己无法完成它？

放下你的担忧，闭上你的眼睛，想象有个你爱的人正在鼓励你。

现在，这样对自己说，用积极的话，告诉自己在面对新事物时，尝试多少次都没有关系。

如果有一个朋友需要你的帮助，你会对他说什么积极的话呢？把这些话说给你自己听。

睁开你的眼睛，对自己笑一笑。你现在一切都好。

当你用积极的语言取代你头脑中消极的语言时，你就给了自己很大的帮助。

适合在课程中间新内容要开始教授前后，或者是遇到困难、挫折的时候，或者是有情绪问题的时候，都非常有效。

3.耸立的山

身体站直，两脚分开，手臂置于两侧。感受脚底立于地面的感觉。请保持双眼睁开。

想象自己是一座山，耸立于大海之中。你的头就是山顶。

举起双臂，手指分开，让山变得更高。保持这个姿势像山一样稳固，坚持一会儿。

观察你心里是否有一些想法或担忧呢？如果有，就把它们看作小浪花，拍打着你的山峰。

吸气，然后呼气，将浪花吹向远方的海面。你看着海面的波涛逐渐平息，直到周围归于平静。

放下手臂，缓缓呼吸，放松下来，你会在一整天都坚定如山。

你也可以尝试让年龄小一点儿的学生坐着完成这个练习。它适用于课堂中的任何时间，也可以作为欢乐过后平复学生们过于兴奋的状态。

最后，我总结了一些正念练习中常见的问题，有利于大家对正念练习的理解。

第1问：在练习中精神不集中怎么办？

答：在进行这些练习时，你可能会想很多事情。这是正常的情况。你无须尝试阻止这些想法，而是要放松下来，并将你的注意力集中于呼吸、声音、身体感觉或头脑中的画面。

第2问：如果我（学生）觉得无聊或沮丧怎么办？

答：在进行这些练习时，如果你觉得无聊或沮丧，这完全没有问题。你正在学习如何训练自己的头脑，请对自己友善一些。请记住：你的每次练习都是不同的，因为生活总是瞬息万变。

第3问：如果我（学生）感到身体不舒服怎么办？

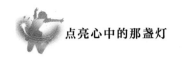
答：在你开始练习前，觉察身体的感觉。这样可以增强你的内在觉察力。一旦你感到疼痛，就立即停下来，你知道什么对你来说最好，你可能需要调整或跳过一些练习，无论独立练习还是在别人的协助之下练习，你都可以通过关注自己身体的移动来增强正念觉察力。

## 02 推动心流产生巅峰体验

近年很流行一个网络新词叫作"佛系"。大概就是指一种无所谓怎么都行，看淡一切，无欲无求的生活态度。如果你的课堂上有这样的学生，想必作为老师的你也挺犯愁的吧。也就是我们经常抱怨的——学生做什么事情都不上心，不投入。这种状态真的好吗？如果人们，尤其是儿童，过早到了丧失一种积极向上的精神，那必然不会是什么好事。

如何让我们的学生在做事情的时候，能够全神贯注，沉浸其中，达到一种物我两忘、心无旁骛的状态呢？

### ▶ 先分享一个我自己的经历

有一天下午，我去医院打针的途中，在车上看到了印度著名婆罗多舞舞蹈家 Rukmini Vijayakumar 的一个小短片，讲述了她对婆罗多舞的一些感悟，以及她对舞者、舞蹈、观众之间关系的洞见，给我留下了非常深刻的印象。当下我出现了心无旁骛的状态，我甚至不记得自己是怎么走下车的。毫不夸张地说，我手心出汗，喉头发紧，心理素质但凡差点都能流泪。当我回过神来发现自己已经站在医院门口驻足了良久，身边是急急忙忙的行人穿梭于两旁……事实上，在工作和生活中，我不止一次地沉浸于此。

写这个篇章时，我开始认真梳理这种思绪，回顾自己在中国舞的多年学习当中，是否曾经有过如那天下午一样的高峰体验？很遗憾，思来想去，确实是没有。当然，我想这和我学得不够扎实、跳得不够完美有着必然联系。我从 2019 年开

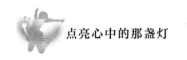

始学习印度古典婆罗多舞，在短短两年多的系统学习中，如那天下午那番体验就已经不止一次了。浙江舞蹈家协会原主席——舞蹈教育家郭桂芝老师也曾经好奇地问过我这个问题：为什么这么执迷于婆罗多舞呢？

于是我开始动笔，试着从源头去分析一下积极心理学中心流理论与舞蹈之间的关联性，也为自己的婆罗多舞情结寻找一个答案。

## ▶ 心流理论的前世今生

1975 年著名心理学家、积极心理学奠基人米哈里·契克森米哈赖在大量案例研究的基础上，发表了他长达 15 年的追踪研究报告——他对美国各行业的领军人物（包括企业家、运动员、科学家、艺术家等），进行了长时间的访谈追踪研究。从中他发现这些在自己领域做出杰出成就的人，往往有一个共同的体验，即他们都不约而同地谈到了一种积极向上的体验。他把这个体验用一个英文单词来描述叫作 flow。

flow 的英文原意就是流动。很多中国的心理学家曾经把它翻译成心流或者福流。

这种沉浸式的心流状态具体有什么特点呢？我个人把它总结为 5 大特点：

第一大特点就是注意力高度集中，全神贯注。完全沉浸在自己所做的事情中，忽视了外在环境的一切影响。

第二大特点就是一种知行合一的体验。行动和意识完美结合，达到了一种不由自主的不需要有意识控制的一种动作的流畅，有一种人们常说的行云流水般的舒畅感和流畅感。

第三大特点就是一种物我两忘的境界。自我的意识、空间的意识暂时消失。此时不知是何时，此生不知在何处，感觉时光的流速或者是分分秒秒，寥寥分明。

第四大特点就是一种驾轻就熟的控制感，对自己的行动有一种完美的掌控——不担心失败，也不关注结果。体验的是自己行动的过程，感觉到做出每一个动作后身体的精确反馈。

第五大特点就是一种沉浸其中的感觉，一种超越日常生活的烦恼，一种发自内心的积极快乐和主动。不需要任何外在的奖励，就能够感受到行动的快乐。完成之后就有一种酣畅淋漓的快感。

这种感受不是只有成功人士才有的，任何人只要能够全身心地投入自己的行动中，集中注意力在具体的活动上面，有及时的反馈，有明确的目标，都能够达到一种心流的体验。

这种体验究竟是种什么样的体验呢？

我们以庖丁解牛的故事为例，庖丁只是一个屠夫，但在做自己特别喜欢做的工作就产生了一种沉浸其中的心流体验。

原文是这么说的：

> 庖丁为文惠君解牛，手之所触，肩之所倚，足之所履，膝之所踦，砉然向然，奏刀騞然，莫不中音。

庖丁在为梁惠王宰牛的时候，手碰的地方，肩靠的地方，脚踩的地方，膝盖顶的地方，哗哗作响，进行时豁豁地，没有不合音律的。每一次碰撞都有声音，每个声音居然像音乐一样的动人，每次碰撞都有动作，这就是我们说的沉浸的心流体验。梁惠王当时看了以后，彻底被我们这位庖丁解牛的状态所震撼。他情不自禁地问庖丁："你是怎么做到如此出神入化、行云流水的？"庖丁的回答是："三年前解牛，我眼中只见牛，三年后解牛，我眼里没有牛。"也就是说三年前他在宰牛的时候，他关注的是任务、目标、追求，但是三年后解牛，所有这一切对他来讲都不重要，重要的是自己沉浸其中的一种心流体验。

让我们来想一下，为什么有些人打球打得天黑不想回家？为什么有些老人天天要跳广场舞？为什么有些顶级球星，在回忆自己决赛上绝杀投篮的时候，都会

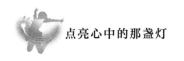

说这是一种绝妙的体验？这是因为我们有极致的心流体验，这个时候我们必然是专心、诚心、静心三心合一的。

那么我们如何在舞蹈中能够进入这样一种沉浸体验状态呢？我根据米哈里·契克森米哈赖教授的相关研究，再结合我在舞蹈表演和舞蹈教授中的经验来谈谈我自己的一些建议和看法。

### ▶ 心流的沉浸状态有些什么心理的体验和感受呢？

**第一点是行动和意识要完全地融合起来。**

有时我们能看到学生在教室里，虽然看起来在听课，一动不动，可他也许思绪万千，心思不在课堂上，可能在教室外面，可能在昨天的事情上，也可能在计划放学之后和朋友一起打球、一起吃饭、一起娱乐的事情上。我们把它叫作心猿意马。在前面正念学习中我已经解释了什么是心猿意马，也就是他们很难集中注意力在当下的课堂中。在这种情况下我们的心流体验自然很难产生，所以想获得这种体验，首先应该让我们集中注意力在自己所从事的活动上。

**第二点就是一定要排除烦心事的干扰。**

如果我在跳舞的时候分心，肯定很难进入心流状态。如果我在上课时考虑自己的状态，就很可能会跳错动作。如果在上课的时候我被其他思绪打扰也会很容易说错话。我就因为分心而闹出了一个小笑话，有一次课堂上因为一些事情打扰了思绪，我让学生们前后做了三次开肩。我心里想着其他要做的动作，嘴巴里说出来的却是开肩。以至于第三次做开肩时学生们终于忍不住大笑说："周老师今天是和我们的肩过不去了吗？"当时我实在是难为情啊！当然我也很不喜欢在练习舞蹈时或者全神贯注上课时有人一直发信息给我，所以我的手机常年都是静音状态。

**第三点是不要担心失败。**

有些人把心流状态描绘为一种自己可以控制的感觉。但事实上并不全然如此。正如印度婆罗多舞舞蹈家 Rukmini Vijayakumar 所著的一首长诗，其中有几句记忆深刻，如此写道：

> 一个平静的旁观者诞生了，
>
> 一旦臣服于舞蹈，
>
> 我的那些有限而无关紧要的认知便消失了，
>
> 经验、情绪、判断通通荡然无存，
>
> 一切尽在掌握……

**第四点是忘却防御性的自我保护意识。**

人类是有一种群居性的需求的生物。他人的关注对我们来讲是特别重要的，一种适应生存的策略、想法和评价，随时随地会根据别人的反应，来调整自己的行为意念和行动，担心别人的嘲笑、侮辱和伤害。

这个时候我们就会产生一种保护机制，这个保护机制很难让我们放得下。很难让我们沉浸其中，我们担心别人对我们的评价，我们担心自己的行为给他人留下不好的印象，这种忧心忡忡不可能让我们全神贯注地做我们自己想做的事情，并会阻碍我们进入心流状态。

这种忘却防御性的自我保护意识，不是说我们没有自我意识，在心流状态下，我们其实是有非常强烈的自我意识的。因为我们意识到自己的掌控，我们意识到自己的能力，我们意识到自己的目标，只是不是那种保护性的自我防御，我们可能还会觉得自己，有一种达到了自我的边界的状态，有一种升华超越自我的感受和体会。

甚至有的时候，我们其实很容易就能够达到一种物我两忘的状态。比如听音

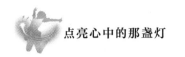

乐的时候，觉得自己和音乐融为了一体。并不是说我们没有自我，是自己和音乐融为了一体。足球运动员觉得自己成为足球队不可或缺的一部分。这就是一种团体和自我意识的完美融合。读者在读特别精彩的小说的过程中，觉得自己和人物融为一体，沉浸其中。这就是一种物我两忘的境界，并不是说没有自我意识，而是自我意识的一种升华和超越。就如同在舞蹈的形式中，我的身体此刻成为一个载体……

**第五点是一种时间的扭曲感。**

过去很多人认为心流状态就是我们忘掉了时间的流逝，事实上这个说法还是有些片面的。日常生活中，我们确实有时候容易忘掉时间的飞逝，比如，在我们进入心流状态的时候，在我们跟家人交流、旅游的时候，或是在我们舞台上起舞之时，在我们专心致志做一件事情的时候。我们可能忘掉了时间，忘掉了空间，甚至忘掉了自我。好像时间突然被偷走了一样，让我们觉得瞬间就过去了。

想必大家都看过《盗梦空间》。我们现在发现也有一种时间慢慢流逝的感觉，特别是对我们这些舞蹈从业者来说。有时做一些特别快速的动作的时候，比如瞬间完成一个跳跃腾空的动作。其实在心流的状态下，感受到的是分分秒秒的存在，普通人觉得就是一秒钟的事情，对我们来讲，甚至可以活出一分钟的感觉来。我先生是一名毕业于北京舞蹈学院的专业舞蹈演员，他曾经和我分享一次比赛时，他做一个两个八拍控腿的动作，他说他当时的感觉越来越好，有种时间都停滞了的感觉，他在舞台上感受自己的肢体——每一个指节、每一块肌肉、每一次呼吸。他说那是他最好的一次控腿。我知道当时的他在舞台上是跳出了心流，但很可惜这也是他唯一的一次。所以真正的心流，并不仅仅是时间的飞速流逝，同时也包括时间的分分秒秒的感觉。当我们在完成一个动作的时候，其实能够感受到每一个动作的精确反馈，以及每一个动作完美的体验和体会，所以时间扭曲感既代表时间的飞逝，也代表对时间的慢慢体验。

**第六点是心理感受。**

不要太看重结果，跳舞的过程本身就是我们行动的目标。很多舞者产生心流体验，是因为他就想做这个事情，而不是因为这个事情能带来什么样的结果。我自己的舞蹈学习过程亦是如此。跳中国舞时我的本我总是压倒一切，太多的顾虑、杂念与对尽善尽美的执念让我无法全身心地投入舞蹈本身。而在跳婆罗多舞时，我只是为了享受这个舞蹈给自己带来的体验。我的身体只是一个会用动作表情和神态来讲故事的载体，是一种超我的释放。

我们并不用过于在乎别人的评价，也不必太过于在乎金钱和名利等。因为舞蹈的本身就是我们的目的，行动就是我们最好的奖励。做这样的事情，只要做了，目的就达到了。只要完成了，感觉就会很好。所以只要卸下那些多余的外在追求，而去享受一种发自内心的愉悦的感受。这点也是我为何如此专注于舞蹈教学的很大原因之一。

心理学家发现也再次印证了，明确的目标、明确的反馈、全神贯注、控制感、自我意识丧失、时间转换和自身具有目的的体验，以及因材施教的教学方式都和心流产生密切联系。老师为自己所教的学生考虑越多，能尽其所想，感其所感，这些心流必定会让学生学得更好，老师自身也在教学中更加积极投入。当处于心流状态时，老师感觉自己与他们班级中的每一个成员都是紧密相连的。

这些年总是能听到一些"快乐"学舞的口号，如何真正做到"快乐"却一直是个未解之谜。因为事实告诉我们，学生快乐了，成绩出不来，老师和家长通常就不会太快乐。而让老师和家长们快乐地看到了成绩的提升时，学生们又未尝能体会到真正的快乐。这就形成了一个两难且相互矛盾的悖论。

我想，我们也许一直找错了快乐的方向。世间安得两全法？一味地非黑即白就是导致困惑的主要原因。一直纠结于到底该不该快乐，不如想一想到底什么是真正的快乐。是低层次的身体愉悦，还是高层次的沉浸享受？

正如诗篇的最后写道：

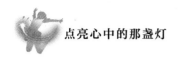
当掌声爆发如雨，我沉浸在欣喜之中。

汗水从额头滑落，很快便蜇疼了眼睛。

这让我看清，他们鼓掌的对象是舞蹈。

若我耽于过去，便只会将我的舞蹈与掌声响起的时刻混为一谈。

绝不会如此，舞蹈就是我，却又全然非也……

到此，我想我已经找到了答案，并可以将此与你分享……

## 03 竞争优势的核心是善良

在开始这个话题前，我想先问一个问题：你觉得善良是软弱吗？

人们总是说，人善被人欺，好心没好报。给我们的感觉就是善良是锦上添花的，而不是作为刚需存在的。其实不然，善良并非软弱，而是人类进化选择的结果。

在阐述话题之初，我必须先指出，有些人在意识上已经主动把善良和软弱甚至愚蠢等同起来，这肯定是不对的。从哲学上看，其实善的定义是多种多样的。柏拉图就把善定义为一种为了好的结果的理性行为方式，因此善是一种聪明的策略。善良除了让人类在长期的生物进化过程中形成一种竞争优势，也是人类获得幸福感的前提。

生活中，恶人毕竟是少数，恶人作恶也不会有好结果，善良的人看似容易吃亏上当，但因为被周围人喜欢，受到尊重、肯定，所以通常能够活得更健康、自在。因此，善良不是一种道德宣传、宗教影响和政治说教，它是符合几百万年来人类进化的逻辑的。

甚至可以说，幸福就来自善良——一种利他心理的体验。

要知道，为什么人能成为地球上的霸主？来源于人性，而人性的善良远远胜于野兽的兽性和凶狠。

群体往往是强大的，个体自然是不够强大。人类有了善良、宽恕、理解、合作等，才得以成为霸主。当然也不是说没有恶的地方，只是善良是人类最好的本性。

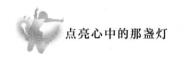 

我们先来看几个关于"人性本善"的科学实验。

德国科学家曾经做过一个有趣的实验。当1岁半的小宝宝看见别人需要帮助时，比如掉了东西、打不开柜门，他们会主动上前帮忙。那么小的孩子就会想到去帮助别人，可见助人确实是存在于我们基因之中的，是我们人类天性的一个很重要的组成部分。

清华大学儿童天性实验室也做了很多类似实验。我在清华大学积极心理学研究中心学习课程的时候也看过这些实验的视频资料，当时确实感到很震惊。耶鲁大学的著名心理学家保罗·布卢姆也做了一个实验。给6个月大的孩子观看好人好事的视频和坏人坏事的视频。发现哪怕只有6个月大的婴儿，没有受到任何道德教育，都会天然地喜欢好人好事，而不喜欢坏人坏事。

人为什么要帮助别人？关于助人的动机，有一种解释叫作社会交换理论。它认为帮助是一种互惠互利的理性行为。有关助人动机的另外一种解释是，帮助他人是因为人的恻隐之心。近年来越来越多地推崇利他主义的学说出现在公众的视线中。但一定要注意如果所有善良行为都要汇报，那就不是好事了。

从婴儿时代开始，人们就会表露出天然的同情心。看到别人受苦时，人们也会觉得不舒服。这就是我们人类天然的同情心。

### ▶ 善良学生的未来发展优势会更好吗？

美国加州大学伯克利分校从60年前就已经开始了对善良的调查研究，他们跟踪了近200人的生活长达几十年之久。心理学家保罗·维克教授从这些积累的材料中分析了被试者的助人倾向，整整花了3年的时间走遍全美国，对他们进行了逐个而深入的访谈。

维克发现那些在读高中时就表现出更乐于帮助他人的青少年，他们在成年后的生活特点如下：

### 1. 经济收入更高

他们有更丰厚的收入，社会地位也相应更高。这甚至与青少年时期的家庭背景、智商没有很大的关系。换句话说，即便是在相同的家庭背景、智商条件下，如果你更愿意帮助他人、表现得更善良，就会更容易走向成功。

### 2. 生活习惯更好

在生活习惯上他们更少出现抽烟、酗酒、药物依赖等现象。他们会更关注身体健康状况，经常进行运动，锻炼身体。

### 3. 社会竞争力更强

帮助别人时其实也会锻炼一个人的情商，锻炼我们与人打交道的能力可以很好地增强我们的自信心，而这些都是衡量社会竞争力的关键因素。

同样来自伯克利大学的另一项研究跟踪了 2025 位老人 5 年时间后发现：经常做志愿者帮助别人的老人，死亡率比其他人竟然低了 44%；而做两项以上的志愿者服务的老人，死亡率低 63%。

从这项研究上看，善良简直就是长寿的保证。所以中国人总说养心比养身更重要，不是没有道理的。

老师应该如何帮助学生培养善良的人格呢？我给大家分享几条如何帮助他人，也就是培养学生善良人格的科学心理学建议。

### 1. 从身边的小事开始

"不积跬步，无以至千里；不积小流，无以成江海。"任何习惯的养成，都是从小事开始的。助人也是如此。告诉学生，对周围以及陌生人做一些力所能及的事情，比如：乘电梯时，看见老师手里拿着很多教具，主动问询需不需要帮助，并帮其按住开门键；公共区域看到有同学落下衣物，主动告知，或者交给老师保

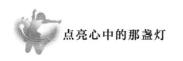
管；看见公共厕所里水龙头没关，把它关上，等等。从小事开始，从课堂中力所能及的事开始。

### 2. 感情比物质更重要

我曾听我的学生说他们会把零花钱省下来，在父母生日那天给大人买礼物，或者同学间买贵重的礼物赠送。这虽然让人很高兴，不过老师们可以借机告诉学生，感情支持有时候比物质上的给予、奖励更重要。比如：看到父母下班回来很累，你给妈妈画一幅画，不如帮妈妈做家务，让妈妈少受些辛苦；当你发现朋友不开心，可以花钱请他吃冰激凌，或者更好的做法是多花点时间专注地听他倾诉。

### 3. 从利人利己开始

老师一定要告诉学生，做好事要向雷锋叔叔学习。一件事利人又利己，可以双赢，那又何乐而不为呢？

### 4. 助人也不忘保护自己

现在社会比较复杂，不能一味无知的善良。据说有不少犯罪团伙会假借找人帮忙的名义，把学生骗到偏僻的地方实施犯罪。因此，请务必教育学生，如果有大人主动向你求助，而且要到其他地方去帮忙，这时要保持警惕。

在教育学生自我保护方面，我通常有三个原则：

一是要分辨清楚什么样的人、什么样的行为值得帮助。遇到不认识、不熟悉、有前科的人要帮忙需谨慎处理。考试时同学需要你帮助，你要先想想考试规范和原则。没有原则地帮助，害人害己。

二是要保护好自己的利益，不能因为帮助别人，让自己陷入困境。这不是我们想看到的结果。

三是要保护好其他人的利益。比如有人落水，你先想想自己是否有能力救他。

量力而行，不可冲动行事。

如何做到帮助别人的同时也能很好地保护自己的权益呢？

我通常会给学生们三个建议，具体如下：

1. 认识自己能力的局限，不要无限制地助人。有时候，要学会对他人的请求说"不"，或者把求助的人转介给专业人士。要知道，如果你现在的能力还不够，勉强去帮人的话，很可能反而是害了对方，更不用说也在害你自己。

2. 帮助别人要限制在一定的范围内。亚里士多德提出有一个度，我觉得每周有两小时是在帮助别人，就是很了不起的善良。虽然不是规定一定是两小时，但也提醒我们要有个度，不要透支自己。

3. 集中起来做，可能效果更好；和大家一起做，集体的力量可能比自己单独做更能持久。

## ▶ 同理心为拥有善良助力

善良和一个叫作同理心的心理能力密切相关。

这个能力也许一些家长或者老师都会觉得很陌生，但它对学生未来的人际关系、社会竞争力、幸福感都有特别重要的影响。

近年来，心理学家在自闭症的研究中也发现，对学生是否存在自闭症的一个重要判定标准就是是否缺乏同理心。老师在教学中不应该忽略学生的同理心的发展。

究竟什么是同理心呢？很多人觉得同理心就是同情心，其实这并不全面。

二者之间有着明显不同，同情心指的是我们能够理解那些需要帮助的人，理解他的遭遇和心情，并产生帮助他们的冲动。

同理心是对对方的心理状态的一种理解。这不仅包括对方的情绪情感，也包括对方的思想、欲望和行动的倾向，有的时候还包括对对方的担心，包括对他的期望，甚至希望他们能够更加快乐一些。

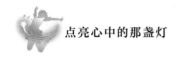

我们有很多的成语和同理心相关，比如将心比心、以心换心、设身处地、心有灵犀……所有这些指的其实都是我们对别人的情感、欲望和行动倾向，以及心理活动的认同、理解和感知。

从进化的角度来讲，人类仅仅依靠自己单打独斗很难战胜比我们强大得多的野生动物。只有我们团结互助、同心协力，才有可能打败那些追逐我们的天敌，作为一个物种，才能生存和繁衍下来。所以这种同心协力就需要理解同伴的想法、意图和行动的倾向。

我们不妨试想一下，几百万年前在非洲的大草原上，人类的先祖被天敌追逐的时候，如果只是自顾自地奔跑，很有可能一个一个地被其他动物吃掉了。如果人类的先祖能够互相凝视后心领神会，理解对方的意图、意愿和计划，就能够互相照顾、互相配合，战胜那些追逐我们的天敌。所以，同理心是人类进化选择出来的人的竞争优势和人的独一无二的能力。

1996 年，意大利神经学教授带着他的团队发现在猕猴的大脑运动前区有一种特殊的神经元——镜像神经元。就像我们中国经常说的心心相印，你的镜像神经元印证了我的镜像神经元的活动。人类的镜像神经元比猴子要发达得多，当我们在做一件事情的时候，比如抓一个物体的时候，和我们看见别人做同样的事情——抓这个物体的时候，两个人的镜像神经元会重叠起来，就像两人在神经层面上达到了一种镜像的印证。举个简单的例子，你在课堂上打了个哈欠，是不是一定会有一个或者多个学生也开始这个连锁反应？这其实也是镜像神经元的作用。

我们了解对方的心理活动，这是我们同理心的神经生理基础。人类作为一个物种，镜像神经元的产生是我们进化选择的结果，自此我们就可以理解为什么说同理心是每个人应该具备的与生俱来的能力。我们不妨看一看刚出生的婴儿，当他们听到其他婴儿啼哭的时候，也会跟着哭起来。孩子看到妈妈伤心的时候，也会跟着妈妈一起难过。当孩子大一点儿的时候，看到其他小朋友伤心、痛苦，除了跟着别人不开心，还会试图安慰别人，比如给对方一个温暖的拥抱，或者去找老师帮忙解决问题。又如前文中提及的那些关于善良的实验也是如此。到了两岁之后，孩子就已经能够逐渐区分自己和他人的想法，区分自己的欲望、感受与别人的欲望、感受之间的不同。他们在面对别人发生不愉快的时候，已经不仅仅是跟着他们一起难过，而是想方设法去了解别人的需求，希望能够更有效地帮助他们。

再举个我生活中的例子。我在家里地板上找东西，四处东张西望，当时只有两岁半的小米粥会走过来指指角落中的我的拖鞋说："妈妈，鞋……"

别看这句话这么简单，这可以视作我们人类同理心发展的有力验证。

再举个例子，小朋友在吃冰激凌的时候，她的爸爸随意地看了她一眼。她也会停下来问："爸爸，你吃吗？"这种分享，其实也是同理心的表现之一。

虽然人类有同理心的能力，但同理心是有很大的个体差异的。

最简单的是能够理解对方的口头语言、行为和肢体语言，这是一个人的同理心最基本的表现。比如有时我们可能会在商场看到这类情景：一个小男孩在商场告诉妈妈想要玩具车。如果这个妈妈立刻说："你一天到晚就知道车、车，家里都是车了还要买车，回家去！"这是一个非常典型的缺乏同理心的反应。

妈妈听到孩子的话，看到了男孩充满渴望的眼神。但她并不能接受男孩的感受，可能还强加了很多自己强烈的情绪反弹。比如愤怒、压抑、焦虑、痛苦等。

在听到孩子这样的一种表达之后，有的家长的表达可能更加正面、积极、主动："宝贝，我听你说想要玩具车。妈妈知道了……"别看这句话这么简单，其实表明了家长非常关注并且理解孩子的想法。这就是同理心的体现。

重复对方的语言，是同理心最简单的提升方法。当然如果老师不理解学生的话，也可以问一句："你这是什么意思？"然后继续尝试了解对方。

在课堂上，老师同样可以利用这样的沟通方式。当学生说："老师，我好疼啊，

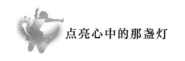

我不想再练习了。"你作为老师的回答肯定不能是缺乏同理心的："疼什么疼，就你疼……"而是应该具有同理心的回应："老师听到你说很疼，是吗？这个动作训练是很辛苦，老师可以理解，我小时候也是这么练习的，也觉得很疼。你和其他同学一样再坚持一会儿可以吗？……"这样的回应是不是更能让学生感觉自己被理解和安慰了呢？

## ▶ 培养学生的同理心的三个重要方法

积极心理学家的大量研究证明同理心对我们的社会行为、人际关系的建设、感情的健全，甚至人生的整体幸福感都有着巨大的意义和帮助。他们提出了同理心会让世界变得更美好的观点。我们老师应该怎么培养学生的同理心呢？

### 1. 引导学生关注他人的感受

比如，学生在外面跟其他同学发生了争执，很多老师第一反应可能就是训斥。一味地指责，容易让学生产生委屈甚至逆反的心理。更恰当的做法是什么？

等学生情绪恢复平静之后，仔细询问学生打架的原因，引导学生关注对方的感受。

比如说："我知道你们都想第一个拿到那个教具，你仗着个头儿高、力气大就推小明，小明摔了一跤多疼啊！他受伤了。教具也被你抢走了。如果是你，你怎么想？该怎么办？"这种引导的方法，比起权威的训斥方法，相较于体罚威胁更能让学生产生发自内心为自己行为负责任的意识，而且能够培养他同理他人的能力。

从学生很小的时候开始，我们就可以以这样的方式引导。越小的学生其实更容易培养他们注意他人的感受，帮助其他的学生了解别人的需要，替他人着想。

**2. 注意激发学生的分享与奉献意识**

除了引导学生讨论过去发生的行为，我们也可以以讲道理的方式，激发学生的同理心。对学生未来的道德行为施加影响，比如当学生在媒体上看到有关贫困地区的报道的时候，我们可以趁机引导，让学生想象贫困地区的学生的生活和学习环境到底是什么样的？

不妨说一说：如果是你的话，每天天不亮就要起床，走一个小时的山路才能到学校，早饭都吃不饱，午饭也吃得很少，你会觉得苦吗？如果他们可以像你一样买好吃的东西和玩玩具的话，他们一定会很开心。如果我们大家都来帮助他们的话，他们就不会这么辛苦了。

用这样的方式，一步一步鼓励学生换位思考，就能激发他们的分享与奉献意识，从而提高他们的同理心。

**3. 老师自身的言传身教**

直接的行为示范，富有同理心的老师，学生会在耳濡目染中受到影响。老师提供了行为示范，让学生能够去模仿。不但可以起到立竿见影的效果，这种转变在学生身上的影响，其实也更长久。在这个过程中，老师可以给学生适当分配一些任务。比如说让他当个小帮手，在当小帮手的时候，学生会觉得自己很能干，同时能够得到更多的替他人着想的机会，能够提供为他人服务的机会。当学生表现出适当的同理心的时候，也别忘了给他积极的反馈。

这时口头的赞许和肯定，甚至一些小小的物质奖励都会鼓励他继续维持正常、正面的积极行为，当然老师在帮助别人的时候，自己要表现出内在的满足、愉悦的心情。带着笑脸去帮助别人，让学生能够感受到你在帮助别人的过程中是快乐的、幸福的、有意义的、有价值的，这样的一种间接的反馈也能够提升学生同理心的能力。

在某种程度上，人类有这样的能力，但是在其他的动物身上我们目前还没有

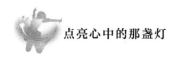

发现这样的表现，甚至我们可以说，人工智能可以取代我们做很多事情。但是它不能够主动问这样的问题。21 世纪，我们需要的能力，其中之一就是同理心。这是我们的优势，既是我们的特长，也是我们的天赋。我们不应该忽视其对学生发展的重要意义及作用。拥有同理心的善良品质才是学生未来重要的竞争优势。

# 04 善用气质特征

现在我们来了解一下关于气质的话题。我在给老师做教学讲座的时候，这个部分是老师们普遍反映最受用的内容之一。

气质是表现在心理活动的强度、速度、灵活性与指向性等方面的一种稳定的心理特征。在心理学中，气质的概念与日常生活中的脾气和秉性概念比较类似，人的气质差异主要是由遗传所决定的，并受到神经系统活动过程的特性的制约。婴儿刚出生时，最先表现的就是气质差异，有的婴儿好动，有的则非常安静。活泼和安静就属于气质特征。这和我们平常说的艺术气质不一样。

## ▶ 气质的种类

人格心理学一般将气质类型划分为四种，分别为胆汁质、多血质、黏液质和抑郁质。多血质类型的人常常是充满了快乐积极的元素，他们不会把事情看得太过沉重，不会让自己轻易地就早生白发。努力地发现事物愉快和美好的一面，该难过的时候就难过，但是不会让难过控制自己。该快乐的时候就快乐，但是不会因为快乐而丧失理智，能够在乐事当中体验到欢乐。这都属于多血质的类型，也就是我们常说的乐观主义者。

在一部古老的诗作中，胆汁质类型的人被描绘成一个会把挡在他去路上的石头用力踢到一边的人，而多血质类型的人则会悠闲地绕行。用个体心理学的语言来说就是胆汁质类型的人迫切地追求权利，因而倾向于采取更为明显强硬的行动来解决问题，给人的感觉就是他们始终都想要证明自己有力量，这类人面对所有

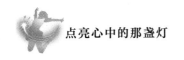 

障碍都喜欢采取直线型的主动进攻方式。所以老师也可以在这样的学生身上看到这样典型的特征，比如，有意无意地打断别人说话，迫不及待地要求老师关注自己的动作。理解了这些，老师对不同气质类型的学生在课堂中做出让我们困扰的行为有了一个更深入的解释和理解。

与上述这两种人相比，抑郁质类型的人会给我们一种完全不同的印象。我们继续用上文关于石头的比喻来说，抑郁质类型的人看到了石头就会回忆起自己所有的错误，就会开始伤春悲秋，然后转身往回走。这类人在个体心理学中被当作抑郁型的代表。他们完全不相信自己能够克服困难或者是获得成功，他们不愿意尝试新的事物，宁愿止步不前也不愿意为了实现目标而前进，就算是为了前进，他们每一步都会走得小心翼翼、如履薄冰。在这种人的一生中，疑心起着关键性的作用。他们考虑更多的是自己而不是别人，而这最终会让他们失去更多充分体验生活的机会。这类人整日被自己的忧虑压得喘不过气来，只懂得凝视过去，或者说把时间花在毫无结果的内省上。

## ▶ 基于气质的因材施教

气质教育的核心观点是我们应该根据孩子的天生气质类型决定对他的教育方式。

下面就请老师们根据学生课堂的行为表现，看看自己的学生属于哪种气质类型，以及老师们应该怎样帮助学生发挥他们的优势和潜能。

多血质类型的孩子，通常都是活泼好动，反应特别快，喜欢探索，喜欢冒险。但是，他的安全意识比较差，对人充满了热情，喜欢把家里的事情与小朋友或者老师分享。他们的优点，就是天生比较好奇，灵活性比较强。这些小孩子很善于表达自己，适应环境的能力也特别强，缺点也很显著，就是缺乏耐心，稳定性比较弱，做事比较急躁。你刚教了一个八拍的舞蹈动作，他可能觉得自己学会了，就会分心干自己的事，或者影响其他小朋友。我给了老师们一些建议：多血质类型的孩子的优势就是在于表达和表现上，他们是有做演讲家、演员、老师、培训师等职业的潜能的，所以老师可以在培养孩子舞蹈功底的同时，多鼓励他们，多给他们一些表现的机会，让他们更好地展示自己。

通常这些孩子的表现力也是比较容易被激发出来的，所以在表现力上老师可以着重进行优势的激发。

黏液质类型的孩子，性格比较温顺，经常沉浸在自己的精神世界中，不受环境的影响。做事按部就班，他们很容易满足，没有太多的要求。而他们的优点就是讲道理，遇事会考虑得比较周全，注意力也相对比较集中，懂得忍耐和克制。但缺点就是不太在意他人的感受，缺乏主见，并且常常会压抑自己的感受，容易变成被忽略的那一个，存在感比较低。给老师的培养建议就是黏液质类型的孩子，他的优势是在于规划和组织，他们有成为政治家、管理人员和行政人员的潜质，老师可以让这些孩子们规划一下课堂上一些组织环节的安排。比如让他们想一想，今天压胯从谁开始；或者让他们想一想，今天休息时间，我们是讲绘本，或是练习动作，还是做游戏？鼓励他们大胆地发言，表达自己的感受、感想，而不是继续让他们做透明人。

胆汁质类型的孩子总是精力旺盛，充满着热情。但是他们不善于控制自己，很容易惹事儿。他们的独立性很强，但是他们不喜欢接受别人的帮助。他们的优点就是有主见，积极主动，热情直爽，而且很愿意帮助别人，非常重视感情。缺点就是太过于急躁、粗心，情绪容易被激怒，自控力很差。我给老师的建议就是：他们的优点是善于沟通，他们有成为外交家、谈判专家、销售人员的潜质，所以老师们可以多给他们创造与人沟通的机会。比如我们在练习基本功的时候，您不妨让孩子来说基本功的动作、要点难点，或者，让他把动作的一些要领复述一遍。对复述过程中的细节进行鼓励和肯定，需要注意的是，胆汁质类型的孩子是最讨厌不公平的对待和交流的，所以，我们一定要有一个平和的态度去和他们进行交流，而不是用镇压的方法，居高临下只会使胆汁质类型的孩子更加逆反。

抑郁质类型的孩子通常会表现得比较胆小，话也比较少，声音也比较小，不

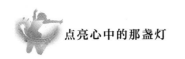

太擅长与人交往和交流。因为表扬和批评，他们在情绪上有较大的波动。在跳舞过程中，他们的动作幅度通常比较小。平时他们的活动量也是比较少的。但是这一点并不影响他们的学习能力。他们的优点是遵守纪律，专注性比较强，善于去观察一些细小的东西。你会发现当他们年纪比较小的时候，课堂上注意力经常会呈现一种不集中的状态，但其实是因为他们会关注一些很细微的变化，而不是不能集中注意力。并且这类的孩子都非常具有同理心，想象力也很丰富。缺点就是胆小、沉闷，不善表达，而且非常敏感，对自己比较不自信。

最后，我还要提醒老师们，孩子的天生气质并不是永远固定不变的。气质会随着年龄、环境等因素发生改变。我们大部分人不一定只有一种气质。很多人都是两种气质掺杂在一起的。

## ▶ 善用气质特征让学生终身受益

对不同气质类型的学生，我们在实际教学中应该如何更好地使其扬长避短，实施因材施教的理念呢？

每一种气质都有自己独特的一面，没有绝对的好坏之分，只看你如何去驾驭和运用。老师在这个时候就担任着非常重要的角色。因为通常一个教室里就能集结齐了这四种气质的学生，这出戏唱的是喜剧还是闹剧就全得凭老师自身功力而定了。在这个方面我也进行了多年的观察和研究。如何利用学生身上的不同气质去进行互帮互助，趋利避害？组合配对很重要。

我认为最佳组合就是，多血质搭配黏液质，胆汁质搭配抑郁质。为什么这么说呢？我们来一一说明。在课堂中，一排大概有4—5个学生或者更多。我们老师通常会把学得最好的、记忆能力最好的学生放在最显眼的位置。现在请想一想在你的课堂上，这个关键位置上的学生属于上述哪个类型？相信一定是多血质或者黏液质居多吧。要么活泼机灵，要么稳定、配合度高。很少会把抑郁质和胆汁质类型的学生放在关键位置上。如果你刚好这么安排了，那可以重新反思一下你的课堂为什么出现死气沉沉或者是混乱不堪的问题了……

我现在告诉你安排位置的原则，你可以试试看。多血质类型的学生位于中间，两边是黏液质类型的学生，多血质类型学生的好动、没耐心可以被两边黏液质类型学生的平静、踏实所带动。然而多血质类型的学生又比较擅长记忆，一定程度上弥补了黏液质类型学生的不足。长此以往，这对梦幻组合就能达到共同进步，并带动后排的同学共同进步。

胆汁质类型的学生位于中间，两边是抑郁质类型的学生。这样的搭配目的显而易见，只有抑郁质类型学生可以不被胆汁质类型学生情绪的多变所干扰，并在其带动下增加活力。如果换作多血质类型的学生在两边，这一拍即合的破坏力可是作为老师的我们最不想看到和难以掌控的。如果换成黏液质类型的学生在两边，老师容易把更多的关注点放在胆汁质类型的学生身上，因为其情绪变化非常不稳定。时间长了，黏液质类型的学生就容易产生被忽视的消极情绪，慢慢趋于抑郁质的气质方向。这一定不是老师想要看到的。另外抑郁质和胆汁质类型的学生也不太适合在第一排，并不是说这样的学生的学习能力不如其他两种类型的学生，而是基于心理素质和情绪稳定这一出发点。在我自己和其他老师的教学过程中就有很多这样的例子，他们有很好的学习能力，配合度也高，自控力也很好，但只要在第一排就会出现很大的情绪问题。

不苟言笑、沉默不语、心思细腻、敏感焦虑……这些都是典型的抑郁质的气质特征。从积极心理学的角度来说，这类学生就是天生的悲观主义者。这类人自然是比乐观的人更容易被抑郁所困扰。但需要特别说明的是，气质是不分好坏的。

事实上，有很多悲观主义者成为各个领域中的优秀人才。比如积极心理学的创始人塞利格曼教授在他的书中就多次提及他自己就是一个悲观主义者，却选择了积极心理学。可见，世事无绝对。唯一不变的是老师想要给学生更好地传授舞蹈知识和技能这一初衷。所以，如果我们能够更懂他们，理解不同学生的气质特征并合理引导，这一定将会成为能够让学生终身受益的学习经历。

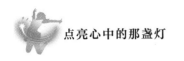
## 05 教出不轻易言败的学生

在前文中我曾经多次提及一个词——归因方式。这个词可以称得上是积极心理学当中最为核心的理论之一。甚至有这样一句话："你的归因方式决定了你能走多远。"

从归因理论延伸到积极心理学中著名的皮格马利翁效应——国王感动了雕像，雕像变成了真人与国王结婚的故事，也被叫作罗森塔尔效应。实验的过程是：在学校中随机挑选一部分学生，告诉他们的老师这些学生的智商很高，以后有做伟人的潜力。这些学生是随机挑选的，不存在智商高低。8个月后，这些被认为智商高的学生竟然变成了优秀学生。这就是预期改变了老师行为，从而改变了学生的行为。老师积极的期望、期许帮助学生成就自己。由此可见，老师对学生的影响真的很大。

### ▶ 老师可以引导学生这么做

**1. 接纳自己的负面情绪**

焦虑、紧张、恐惧、害怕，当这些负面情绪不可避免地袭来时，不要只顾着逃避，也不能一味地试图克制它们出现。要告诉自己不要逃避，而是试着接纳。

**2. 把注意力置于当下**

无论这些负面情绪有多强烈，如果能不再关注它们，它们就会减弱甚至消失，至少在你全力投入学习和工作的时候，请忽略它们。

### 3. 认清自己能控制的因素

在制订行动计划、优化行动和明确目标方案的过程中，认清哪些是自己可以控制的，哪些是不能控制的。比如别人怎么想，这是我们无法控制的，那就无须庸人自扰，做好自己的事即可。将精力和注意力集中到你能控制的因素上，努力做到最好。

马丁·塞利格曼教授和他的团队经过研究发现，"ABC 模型"是归因理论中非常有效的实操方法。现在很多心理咨询师也在利用这个方法作为治疗干预手段，可见其效果的显著。但有一点值得注意，用在每个学生身上，需要因材施教。就像两个学生都爱吃饺子，但学生 A 爱吃羊肉馅饺子，学生 B 爱吃韭菜馅饺子，两个学生都会有自己的偏好。作为心理咨询师，我们是不是也要想办法找到学生能接受的、适合他的处理手段？也就是说，每个人的思维、风格都不一样，学生的思维、风格更是千差万别。即使他们都面对同样的压力和事件，大脑里的思绪也完全是截然不同的，而 ABC 模型作为处理思维的"手术刀"，自然是要因人而异的。

如此重要的 ABC 模型究竟代表了什么？

A 是英文 Acceptance 的首字母，所表达的是跟学生坦诚分享事实真相，鼓励他们直面现实，并提供温暖的陪伴。决定学生对世界感到乐观还是悲观的影响因素主要有三点：

（1）学生每天从父母、老师身上学到了对事物的因果分析。父母和老师对事情的态度很大程度上会影响学生的分析判断。

（2）当他们听到的是批评，比如"你太笨了""你就是做不好这个动作"……这些负面影响是不可消除的。老师应该多说"这次做得不够好""今天做得不够好"这样非永久性的批评。

（3）学生经历过了重大的离别或者变故，比如父母离婚、老人去世等。此时如何处理才好呢？千万不要隐瞒，学生有了解事实的权利。老师可以陪同他们一起消化负面情绪，告诉他们"月有阴晴圆缺"的道理。也可以回忆美好的时候，

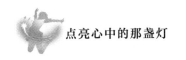

让学生感受到温暖，从而获得信心去战胜焦虑。

B 是英文 Behavior 的首字母，所表达的是帮助学生建立成长型思维，用积极行动主动寻找问题的解决方案。

德国心理学家通过研究得出，成年后表现好的人通常有成长型思维。反之就是固定型思维，没有得到长远的发展。

前文中提到过，想要提升学生的抗逆力，就要培养他的成长型思维。在这里，我也有几个建议供老师们参考：

（1）多鼓励，少表扬；多描述，少评价。

（2）教会学生乐观地面对失败，而不是传递输不起的念头。老师自己也要有成长型思维。

（3）在学生面前适当"示弱"。比如可以故意做错事情，让他们来纠正。

C 是英文 Cognition 的首字母，其含义是拥有积极正面的心理预期，通过感知当下的情绪，将注意力集中于有把握的部分，从而找出最好的解决方法。

简言之，ABC 法则是指通过改变人对某个事物的认知，进而改变人的想法、态度与感受的心理干预过程。"一个老太太，家里两个儿子，一个卖伞，一个晒布"的寓言故事，很多人读到过：老太太对下雨或晴天没有把握，但老太太找到一个好的解决办法，从不管什么天气有个儿子要吃亏，变成了不管什么天气有个儿子会生意好，这种变化直接影响了她的心态和情绪。

### ▶ 四种典型的学生类型分析

还是延续"理论必上实操"的原则，接下来，我会详细介绍四种类型的学生，以及以他们的独特视角来说明 ABC 法则——在课堂上，大概率会出现某一种倾向。老师们来辨认一下。

第一个学生：野比大雄。你只要看过《哆啦 A 梦》，就一定记得野比大雄——他除了是机器猫的主人，没有其他任何优势。这样的学生似乎生活在一种巨大的矛盾中——他知道要好好学习，他知道要好好打棒球，他知道要坚强勇敢才能不受欺负，他知道要做能配得上静香的男生，但他就是不去做。他贪恋漫画，睡懒觉，不好好学习，有什么问题都在第一时间大喊"哆啦A梦"……这类学生其实很清楚怎么做是对的，但就是不去做，很有点自毁前程的意思。野比大雄们在ABC体系中的B环节中出了问题，即"想法"上缺乏足够的目标。他们看似知道好好学习很重要，但实际上，他们并不知道好好学习究竟有多重要，以及好好学习的最终结果是什么。他们在行为上似乎"什么都明白"，但再深入一些，却没捋顺事物的重要性。说得直白一点，他们处于"要我做"的状态，而且也默认"要我做"的正当性，但最大的问题是缺乏"我要做"的动机和勇气。

给这样的学生做工作，最好的办法就是帮助他确立目标。如果你留意野比大雄父母跟他说的话，就会发现，那么爱他的妈妈，却一直在批评他的行为，或者跟他诉说自己有多辛苦。我们看了那么多集《哆啦A梦》，从没见有哪个角色帮助野比大雄树立某个具体的、直接的、积极的目标。

所以，要在野比大雄身上使用ABC法则，就要先帮助他改变想法。我们要将重心放在帮助他设立目标上，而非一味地跟他讲："你明明都记得，怎么就是不动呢？"他既然不做，就只能说明一个问题：他其实还是不懂。给野比大雄这类学生做改正想法的工作，有两个重点。

一是我们需要引导他自己想明白，哪怕是现在看起来不重要的事情，对长期目标也能起到至关重要的作用。如果一个学生明明知道学习很重要，但就是因为种种原因，无法对学习这件事抱以乐观积极的心态投入其中，那我们可以尝试把学习和他在意的长期目标结合起来。

我之前接触一个执意要退学去做网红的学生。我不是说当网红不好，只是因为他的条件和水平，还远远没有到能与专业人士竞争的程度。如果他真的退学了，大概率是赔了夫人又折兵。怎么让他对校园生活和学习重拾兴趣呢？我给他设立了一个新的目标——职业经理人。

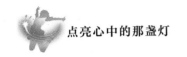

我告诉这名学生，优质的职业经理人其实比优质的演员和网红更稀缺，它有点类似于"千里马常有，而伯乐不常有"。这份职业需要对演员和网红有认识，对运营有认识，对市场和公关有认识，甚至还需要很强的风险规避能力。果然，学生对这份职业非常感兴趣，又异想天开地说："那我不做网红了，我直接退学去做经理人。"我直接点明："我还真没见过哪个优秀的经理人不是高学历的呢。如果没有学过点管理科学、项目管理、组织行为学和商科，你觉得你能做好这件事？"

二是目标工程。对很多小孩来说，大人跟他聊目标，三句话就搞定了——"你长大了想干什么？""想当宇航员！""真好！加油！"然后呢？没有了！别说当宇航员了，等这个孩子长大了，可能连汽车都开不明白。这样的目标能有什么意义呢？这样的情况如何利用 ABC 法则来干预呢？

归根结底，孩子的想法根本就没被触动。目标是个大事，跟目标相关的干预是个系统化的"目标工程"。与目标相关的内容，我估计都够写本书了，老师只需要知道有小技巧即可。

老师可以给学生制定一个可视化的目标，这很重要。以舞蹈为例，教室中可以放一些舞蹈家或是优秀学员的舞蹈照片，给学生以美好的可视化目标，这远比贴奖状或抽象画要有效。

第二个学生：匹诺曹。匹诺曹最大的问题是什么？可能大家都觉得是撒谎，但我觉得不是。匹诺曹最大的问题是他只对自己感兴趣和擅长的事情乐观与投入。爱玩，就玩个不停，不爱学，就一点都不学，永远随心所欲，想起一出是一出。当然，这也是很多学生的"通病"，也是儿童的天性。这种天性不应该被过分保护，因为随着年龄的增长，我们为了做更多想做的事情，总要先做点不想做的事情，不是吗？

课堂上总能看到一些典型的小匹诺曹。想跳舞了，就来上舞蹈班。他们坚持不下去了，看见隔壁有绘画班，就回去告诉家长"不想跳舞了，太疼，还是画画轻松"。

只要是他们喜欢的，就特别积极，甚至有时会远超我们的期待。但如果不喜欢了呢？比如例子中要转到绘画班的学生，可能坚持不了一个学期就放弃了。

如果你的学生也是这样，我建议你先别太着急或者太早放弃他。《让天赋自由》的作者肯·罗宾逊是位优秀的当代教育家，他曾说过，"我们要帮学生找到激情和技能的交集"。作为具备积极心理学理念的新时代舞蹈教育工作者，我们希望学生做的，不一定要每个学生都能下腰、劈叉、空翻。我们更应该发掘学生的内在潜力和优势，在他们喜欢的领域发现自己擅长的内容。在寻找领域和发现天赋之前，老师先要将自己的想法和理念升级，需要更多地尊重学生。同时，也要注意，很多家长会根据孩子的学业表现克扣学生兴趣爱好的投入时间。比如："这次考试考不到优秀，我就把你的舞蹈课给停了！"看上去，这样的干预可以快速提升学生学习的动力，却破坏了学生的自主能动性和自我价值感。更普遍的是，通常此类"直升机"父母都是沉溺在自己对孩子的绝对权威感中自我满足。这也是老师最为之叹息的无奈。

第三个学生：小驴屹耳。对这个名字你可能比较陌生，其实它就是动画片《小熊维尼》里那个没有活力的小驴子。大部分时间，他们会觉得学什么都没意思，根本原因在于他们觉得自己说什么、做什么都起不到作用。自然就既不乐观，也没有动力。老师在尝试去改变他们的想法时，一定要先强调他们的自我意识，帮他们搞清楚自己究竟想要什么。在我的教学经历中，也不缺少这种类型的孩子。曾经有一位此类型孩子的妈妈告诉我，如果不是在我的班上课，这个学生早就放弃学习舞蹈了。可是后来她还是没能坚持住。

这个学生在学校中的表现也是如此，我到现在都还记得，每次她的奶奶把她送到我这里上舞蹈课时总是无可奈何且苦口婆心地说："你是最棒的，不管你做成什么样你都是最棒的，你一定能行……"然而，无效的表扬是无法激励孩子去努力的，并不能让他们斗志昂扬。想到这里，我还是不禁唏嘘。这样的学生也是让

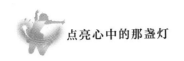
整个家庭都操碎了心啊。我们也要学会接纳孩子此刻的不完美，去思考行为背后的本质，用长远的眼光去剖析此刻的归因方式。

第四个学生：赫敏·格兰杰。《哈利·波特》大家一定不陌生吧？艾玛·沃特森饰演的赫敏，我觉得演得特别好，把那种焦虑的、小心翼翼的、缺少安全感又有点骄傲的学霸演得入木三分。你可能会觉得这样的学生没问题，这么优秀的学霸怎么还会有问题？但我告诉你，问题可能比你、我想象得还要大。按理说，驱动一个人去做事的动机，应该是热情与乐观的组合，但是对赫敏而言，驱动其行为的动因，却来自恐惧感。赫敏担忧自己"泥巴种"的身份，优异的成绩也让她骑虎难下，同时也有非常棘手的社交问题，她的压力特别大。

《如何让孩子成年又成人》一书中提到过一个概念，让我至今记忆犹新，即存在的无力感，很好地形容此类学生：他们会因为外界或自己设定的高标准感到格外焦虑，乐观就更加无从谈起了。解决的方案很简单：别逼学生，停下就行了。

但有时是我们停止了，学生自己不停止，老跟自己过不去，特别较真儿。这又该怎么办呢？要知道，这种情况在中国很普遍——强迫型人格障碍。什么意思呢？就是自己跟自己过不去，很多青少年，甚至低龄儿童都有这样的问题，因为焦虑而长期处于精神紧张，导致睡眠质量低下，学习效果已经很差了，但还是不愿意停下来。我觉得解决此类学生的问题有两个要点：一是让他们认识到，就算有的事情做不到完美，也并不意味着他们的未来就黯淡无光了；二是要让他们理解，某项成绩的好坏与人生成功之间的关联性其实特别低——心理学界有很多研究案例都能反复证明这一点。

学生们都不一样，像心里有数办事没谱的野比大雄，对他要重视目标设立。像想起一出是一出的匹诺曹，老师要先调整好自己的心态，同时帮学生挖掘天赋所在。或是对任何事物都不来电的小驴屹耳，我们要强调它身上的自我意识。最后还有对自己要求特别高的赫敏，我们需要让这样的学生试着放松下来，别把乐观的弦儿给绷断了。

### ▶ 了解学生本身的归因方式

老师也需要了解学生本身的归因方式，这深深地影响他们的学习动力和效率，甚至是决定成败的关键因素。如何全面了解学生的归因方式呢？在一周一次或者两次的舞蹈课堂上，很难有足够的时间去仔细观察每个学生的内心世界。我在本章的最后会附上积极心理学中的儿童归因风格问卷，希望能帮助老师更好地进行积极教育的因材施教。

### ▷ 附：儿童归因风格问卷

https://www.wenjuan.com/s/ie6fQr5/

分数的意义

有的学生能露出灿烂的笑容，展示出属于学生的天真无邪。而有的学生则显得少年老成，脸上看不到活力和朝气。这是为什么呢？

有一点值得老师注意，归因方式悲观的学生最怕的是抑郁。悲观的学生自然比乐观的学生更容易走向抑郁。这也是每个家长和老师最不想看到的结果。所以尽早发现悲观的苗头，将抑郁遏制在摇篮中。这也是我提倡老师们对学生进行一些归因风格测试的原因。

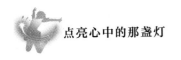

## 06 调试自身积极教学风格

作为老师的归因方式决定了我们的教学风格。而我们的教学风格对学生起到了很大作用。

举个例子来说，舞蹈课上总有这样的学生，你问她："回家练习过动作吗？"她的回答总是"练习了"。动作的完成度却是不尽如人意。很多时候我会打趣道："你家里一定还有一个周老师教了你另一个版本的动作……"

面对这样的情况，如果我们的归因结果偏向外在，就会认为学生可能是练习的时间和方法存在问题，而不是这个学生实在太笨了，根本记不住动作。

如果使用了推荐的练习方法，学生的动作完成度得到了改善。我们的归因方式是偏外在的，就会觉得是因为方法用对了，或者是因为老师的帮助才让学生进步了，而不是学生自身努力的结果。也就是说，即使成功，也是因为他人帮助而非学生本人的努力。所以，你会发现，不同的归因方式总是在有意无意地限制着我们对学生的客观评价。找到正确的分析方法才能提升经验。

还有一点我们必须清楚，不管我们怎么想（也不管学生怎么说），大多数学生自己都明白，没有规矩不成方圆。请相信一句话：没有一个学生会想把自己的人生搞砸。

### ▶ 你对自己的教学风格了解吗？

作为老师，你知道自己是怎么管教学生的吗？以下为教师教学风格量表：https://www.wjx.cn/m/74279239.aspx。

通过测试，可以看一看自己属于哪种教学风格，这样的风格在教学中是优势更多还是劣势更多？是否需要调试？

我们在教学中是不是经常会对学生说"我知道你可以做得更好"？积极教育要将教育引向新高度的关键所在，就是要让学生知道什么才是更好的。

如果学生做出错误选择并为此感到为难时，恰恰是老师和学生沟通的最好时机。比如，提醒他们自身具备哪些优势，发挥什么优势可以有助于解决问题……有些老师可能会觉得疑惑，应该如何操作呢？首先，老师要向学生展示如何竭尽所能地运用自身资源，做出改变；其次，在遇到挫折后，应该如何迅速调整，如何把注意力集中在解决问题上。学生不会自学到这些内容，都需要老师做出示范。

举个我教学中的例子：学校近期要举办一个才艺比赛，蕾蕾（化名）是班里的文艺委员，学习舞蹈很多年，这种比赛自然是要报名参加的，而且是报名独舞选段。为了让蕾蕾好好表现，妈妈专门去服装店给她租了一套与舞蹈相匹配的演出服，爸爸也把喜欢跳广场舞的奶奶从老家接了过来。因此，蕾蕾发誓："这次我一定要得第一名！"

然而，就在参加比赛的前三天，蕾蕾在家练习舞蹈动作时因为用力过猛而扭伤了脚。这下可把她给急坏了："妈妈，我还能参加比赛吗？"

妈妈安慰她说："能，只要你尽快好起来就能参加。"

"要是好不起来呢？"蕾蕾沮丧地问。

"那就只能退赛了，咱们不能带着伤上场啊……"

"不，我要参加比赛，好不了也要参加！"蕾蕾不甘心地说。

妈妈坐在蕾蕾的身边，摸着她的头，说："你扭伤了，没有养好，怎么能上台跳舞呢？这样的比赛以后还会有的，错过了这一次，还有下一次呀！"

"可是奶奶难得来看我的比赛，再说了，班里只有我这个舞蹈节目，如果我参加不了，我们班该怎么办啊？"说来说去，蕾蕾还是不同意退赛。

无奈之下，妈妈只好给我打了电话。我听完妈妈的诉说后，就让她把电话交

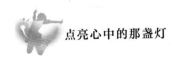

给蕾蕾。

我对蕾蕾说："孩子，我当然知道你很坚强，不想轻易放弃比赛机会。但以你现在的身体状况来看，你是否参加比赛会出现两种结果。老师给你分析看看，好不好？"得到蕾蕾的同意后，我继续说，"一种是如果你坚持带伤参加比赛，显而易见，不仅无法获得好成绩，还会影响伤势的恢复。另一种是如果你选择退赛，现在还有三天时间，老师还来得及安排其他同学顶替上来，他们还能有充分的排练时间，获得荣誉的可能性也会大些。关键时刻，集体荣誉、团体精神也很重要，你说对吗？我相信蕾蕾是个理智、公正的孩子，这两个选项，你觉得选择哪一个是比较有利的呢？"

蕾蕾一时没有说话，沉思了好一会儿。

我趁热打铁，说："既能让伤势好好恢复，又能让班级获得荣誉，这样不是很好吗？"

"好吧，那我不参赛了。但是不要让奶奶回去，等我的脚伤好了，我还想和奶奶一起跳舞。"

妈妈在一旁保证道："嗯，好，不让奶奶走。"

你可能会觉得，这不就相当于老师帮助学生用积极的眼光来看待个人的行为吗？让他们激活神经系统的"三思而后行"反应模式，下次不会再冲动行事或判断失误。是的，这才是学生们真正需要的教学方式。

# 5

第五章
舞动人生

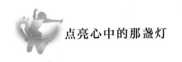
# 01 专属于舞蹈老师自己的积极心理学

我曾经在 2021 年新冠肺炎疫情期间做过一场公益的线上讲座，讲座的内容是针对疫情期间的艺术教育行业从业者的心理和情绪问题。情绪是我们人类进化而来的适应机制，每一种情绪都有其特别的意义。例如，我们通常不喜欢焦虑、害怕等负面情绪，但如果真的没有了这些负面情绪，人也就出问题了。

所以，可以说正是消极情绪的产生才让人类活到今天，但是现在这些记忆进化而成的情绪在发挥积极作用的同时也已经变成了抑郁、焦虑和恐惧，成为今天我们人类心理疾病的重要来源。所以，精神的饱满和心灵的愉悦在今天变得越来越重要。

如果家长的情绪不好，不能很好地管理情绪，那么孩子必然也会跟着遭殃。老师情绪不稳定、低落，势必会影响其教学质量和工作态度。

那我们作为舞蹈老师该如何应对无时不在的消极情绪，让我们的工作状态有所提升呢？

## ▶ 情绪的两大误区

人们对情绪的看法，普遍存在两个误区。

第一个误区：我们总是认为坏情绪只是暂时的坏心情，过去就好了。这可能是让很多人没那么看重情绪管理的最大问题。事实上，当情绪不能以情绪的方式去处理，就会转化成为另外一种动力攻击人的身体，最终导致生理疾病的发生。我们称为"身心疾病"，目前已经有大量临床研究证明，癌症、心脏病、长期慢性疼痛等病症都是消极情绪长期压抑累积的结果，且呈现低龄化趋势。在欧美大多数国家中，心脏病早已不再是单纯的生理疾病，最先进、最流行的治疗方法也是融入心理治疗、情绪管理的"双心治疗"（psychocardiacology)，不再是单纯的临床医学。

身体和情绪，有一种非常奇妙的隐喻关系，当某种情绪被忽视、被压抑，潜意识就会关闭身体的某一个神经传递枢纽，或是刺激某种激素大量分泌，最终导致与这种情绪相对应的某个身体部位产生生理问题，身体就会用疾病的方式去提醒你，有的情绪你需要去处理。

第二个误区：人们认为情绪管理就是控制情绪、不乱发脾气。事实上，快速有效的科学情绪管理分为四个组成部分：感知、控制、表达、转化，缺一不可。单纯地控制情绪，初期看很有成效，但潜在危害着实不小。要知道人为控制的目的是平衡而不是压抑，每一种情绪都有价值和意义。

先说感知力，感知力是人与生俱来的一种能力，每一个婴儿都是通过身体感知力，去了解自己所处的环境，以及自己的抚养人是否值得信任，从而为自己选择最合适的生存方式，也就是自己要以怎样的行为表现才能够获取抚养人的注意力，并给予生活照顾。

前文中已经提及，情绪是一种强大动力。情绪越强烈，动力越强大。想要控制情绪，除了花费更大的力气去束缚、压制自己的情绪，更重要的一件事就是降低身体感知力，让自己感受不到情绪的存在，只有这样才能做到控制情绪。

但这样时间久了，身体就会呈现钝感，不会再感受到消极情绪的存在，自然也不会再被消极情绪所影响。身体状态只有钝感和敏感的分别，不会出现时而钝感、时而敏感，或是在某些时刻钝感、在另外一些时刻敏感的情况。当身体出现钝感的时候，你感受不到伤心、难过，也感受不到幸福、快乐。你会成为一个没有活力、没有激情、没有感知力的木头人或者是现在更流行的叫法——空心人。

再有就是一个没有情感体验的人，也无法感知到他人的情绪、情感，人际关

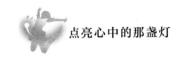

系上的交恶只是一个时间问题。最后，也是最致命的一点：被忽视、被压抑的消极情绪并非真的消失，而是在身体里沉积下来，转化为另外一种动力开始攻击你的身体。消极情绪的长期压抑累积，最终会导致生理疾病的产生，但到了这个时候，往往为时已晚，很多事情想要纠正已经来不及。

我国的肿瘤研究中心发布临床研究结果，事实表明，凡能正确认识癌症、善于调整心态的癌症患者，5年生存率达75%；反之，没有做到这一点的患者，5年生存率只有25%，足见心理调整的重要性。所以情绪积极，绝对不只是让你有一个好心情，而是可以改变你的命运，让你有更健康的身体、更美好的未来。而科学的情绪管理，目标是让自己成为情绪的主人，包括感知、控制、表达、转化四个重要环节。在这个系统里，控制只是一种手段，让事态境况始终处于可控范围，不会带来更多的麻烦。

训练感知力的最好方法就是与身体对话，通过对身体状态的观察，进而感受到情绪的存在和变化。即使你的嘴巴紧闭什么也没说，但你的身体每分每秒都在泄露着内心的秘密。感知到情绪的存在，就有可能做到控制情绪，不让情绪在不合适的时间、地点爆发。控制情绪有很多实用的小技巧，例如，人们会习惯性地用握紧拳头来控制愤怒、冲动等，深呼吸也是一个非常好的缓解情绪压力的途径。暂时被控制、被压制的情绪，你的大脑可能会忘记，但你的身体会一直记得，所以接下来你要做的事就是以最快的速度给自己找到一个安全环境，确认在这里你不会被任何人打扰到，你就可以在你的安全环境里充分表达你的情绪。情绪表达有很多种方法，比如对着虚拟对象拳打脚踢释放愤怒，让自己放声大哭表达悲伤等。很多人自认为自己没有情绪困扰，但实际上只是习惯了压抑情绪，真正有机会去表达情绪的时候，他们往往什么也做不出来。这个时候需要你刻意地去表演某种情绪。身体动作很快就会把你压抑已久的情绪带出来。后面的章节中也会有关于舞蹈治疗——舞动身心的治疗干预手段的简要介绍。其实身体的智慧是远远超乎人们想象的。

科学情绪管理的魅力在于，当你真正看到你的真实情绪体验，并能够充分表达，情绪会自然发生转化，因为每种情绪的背后都隐藏着另外一种更深的情感。例如，愤怒的背后是爱，忧伤的背后是无处安放的渴望。

### ▶ 积极情绪与消极情绪的黄金配比

很多人都会有一个迷思——积极情绪这么重要，我要怎样做才能拥有 100% 的积极情绪？这也是很多人对情绪管理的另外一个常见误区，认为积极情绪一定是越多越好。比如我身边就常有人说："我从来都不生气，我每天都很开心……"我丝毫不怀疑他们说这句话的真实程度，但我会对他们的身体感知力和钝感力保留我的个人观点。因为任何一个人都不可能拥有 100% 的积极情绪。

事实上，人的积极情绪与消极情绪的配比，弗雷德里克森在书里把它称为"积极率"，这个积极率是有临界点的。弗雷德里克森和她的合作者密歇根大学信息学院的迈克尔·科恩教授通过一系列实验，用数学模型对纯粹积极情绪的课题进行分析发现，11∶1 的积极率是一个极限临界点，科恩教授用了一个画面来描述这个新发现，他说："如果你在健身房跳得过高，你的脑袋会撞到天花板上。"这个比喻有点冷笑话，但也揭示了凡事都有度，过度就是灾难。积极情绪也不例外。古语有云"乐极生悲"。

在日常生活中，3∶1 是积极情绪和消极情绪的最佳配比，无论是对个人、家庭，还是对班级来说，能够引发蓬勃发展的最佳积极率都是 3∶1。这个研究结果也是弗雷德里克森教授在积极心理学领域的独特贡献。心理学的许多研究常常因为没有数学模型的支持而被其他学科所诟病，在实施推行的过程中因为没有清晰固定的衡量标准而难以把握，弗雷德里克森的这项研究成果，就同时解决了这两个难题，可以说是颠覆性的革命。

与此同时，婚姻科学专家约翰·戈特曼聚焦于对已婚夫妇的情绪动态的研究，

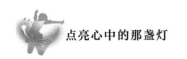

长期收集各种数据，通过对这些数据的大规模测量，开发多种方法来计算婚姻中的积极率，研究结果发现：在成功的婚姻中，积极率大于5:1，失败婚姻的积极率则低于1:1。

临床心理学家罗伯特·施瓦茨发展了数学模型，发现最佳的积极率是4:1，病理性的积极率，如抑郁症患者的积极率，同样是低于1:1。

这些不同领域里不约而同的研究方向和研究结果的一致性，共同验证了一个结果：积极率和蓬勃发展之间的联系是强大的。无论你是一个个体、一对伴侣，或是一个小组、一个团队，积极率都值得你给予足够多的关注。3:1的积极率，是一个神奇的临界点，低于3:1，积极情绪很可能会被消极情绪的影响所淹没。也许只有达到了3:1以上的积极率，积极情绪才拥有了足够的力量站立起来，并战胜消极情绪。只有这个时候，积极情绪的扩展和建构效应才能显现出来，发挥惊人功效。

遗憾的是，不同领域的科学家从积极率的研究结果中发现，绝大多数人的积极率都没有达到3:1，平均在2:1左右甚至更低。但好消息是，我们可以通过努力来提高自己的积极率。如何提高积极率？弗雷德里克森在书中给出了11种常用方法，教你怎样在日常生活中去创造更多的积极情绪，提高你的积极率。

## ▶ 应对消极情绪的心理防御机制

1894年弗洛伊德提出了"心理防御机制"这一概念。哈佛大学瓦勒滋教授提出了心理防御机制有三种类型：不成熟的、中性的和成熟的。那么，应该如何判断哪种对自己有益呢？根据对三种心理防御机制的分类来思考我们自己常用的应对策略是不是正确呢？

首先，我们先了解什么是不成熟的心理防御机制。

1.压抑：指的是人有意识地防止一些痛苦和危险的想法产生，以避免负面情绪。

2. 否认：指的是通过不承认一些让自己不快乐的事件和信息来保护自己。

3. 幻想：指的是通过想象自己已经获得了某些成就和成功来满足自己。

4. 行为倒退：指的是有时我们有意识地倒退到早期的行为发展水平，表现出一些不符合实际年龄的幼稚行为。

5. 发泄：指的是当你恼怒的时候，不开心的情绪达到一定程度的时候，你会爆发出来，容易做一些冲动的事情。比如有的人发泄方式就是暴饮暴食、疯狂购物等。

其次，中性的心理防御机制有如下几个方面：

1. 转移：比如为避免自己对某些人和事表现愤怒，让自己陷入更多的麻烦，我们就会把这样的愤怒转移到自己可以发泄的对象上。心理学上常说的踢猫效应就是转移。对他人不利，转移到物体上比人相对好一点。

2. 抑制：有的时候，我们在记忆上完全不记得那些发生在过去的不愉快的经历。和压抑不一样的地方，它是一种很自然产生的负面情绪体验的记忆丧失。

3. 反向的行为表达：通过夸张地做一些与自己实际意义相反的行为，来防止某种危险的想法，或者是冲动的想法在行为中出现。

4. 投射：就是将自己身上所不具备的特质投射到别人身上，觉得他人也和自己一样。

5. 合理化解释：在遭受挫折和失败后为自己找一个理由来掩盖自身不足之处，并隐瞒真实动机和愿望，从而保护自己的行为。例如，舞蹈动作没学会的合理化掩饰就是动作太难、老师教得不好等。

合理化还有一个常见的表现就是酸葡萄心理。在《伊索寓言》中有一个"吃不到葡萄就说葡萄酸的狐狸"，就是典型的酸葡萄心理。

合理化的另一种表现是甜柠檬心理。因为得不到葡萄，只有柠檬，就认为柠檬是甜的，这样也可以减少内心的失望和痛苦。

最后，究竟什么是更成熟有效的心理防御机制呢？

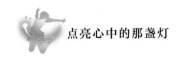

1. 分离：即把当下的情感和现实的工作分离开，以一种局外人的身份去应对当下的工作。这个在医务工作者中较为常见，比如重大灾难中医生自己的亲人、朋友受伤了，但他们依旧要投入紧张的医疗救援工作中，此时如何保持冷静严谨的态度？就要用到情感分离。当然这个例子离我们可能有一点远。其实在课堂中也时常需要做情感分离，比如老师自己身边发生了不愉快的事情，那么不愉快的心情在课堂中就要有效地去做分离，尽量不影响课程的正常进行。

2. 补偿：简单来说就是取长补短，这更加要求自身对优势的发掘和认知。强调用自己已经具备的优势特质，来弥补自己客观存在的不足之处。在舞蹈方面我们经常看到一些专业舞蹈演员硬件条件可能不那么出类拔萃，但爆发力、技巧方面特别好，每天的训练时间也比其他演员多，可以想象他们努力付出的艰辛。

3. 升华：把自己的不足锻造成自己的优势，而不是一味地怨天尤人。我们要相信人是有能力开创自己的精神境界来战胜不好的心理防御机制的。

4. 幽默：很多时候幽默感是可以一下化解很多尴尬和心理不愉快的体验的。关于这一点，我在自己的舞蹈课堂中屡试不爽。有一次，因为临时换教室，我让琼琼（化名）把手绢花（舞蹈教具）放回原来的教室，并嘱咐她快点回来。等到下课回到原来的那个教室，我才发现手绢花胡乱地撒了一地。我知道，琼琼这是在"秀"她的飞手绢花绝技呢。一瞬间，一股无名怒火直冲我的脑门，特别想质问琼琼："你怎么把手绢花乱放在地上了？不知道要爱护舞蹈课的教具吗？"但转念一想，我带着微笑，拖着长音说："同学们，来看琼琼这是摆了什么阵法啊，感觉比八卦图还要厉害呢！你们要小心哦，千万不要误入迷阵。"

听了这番话，孩子们都忍不住笑出声来，而琼琼则惭愧地低下了头。她对我说："老师，我错了，我不应该把手绢花随手乱放。"

"我知道你是想节省时间，但要记得以后一定得放回篮子里。"我又嘱咐道。

从那以后，琼琼再也没有将手绢花随便乱放过。我用了一句非常简单的玩笑，就解决了学生随手乱丢教具的问题，达到了教育的目的。生活中不难发现，有时我们对孩子越严厉，孩子就越不愿意听我们说话。这时不妨改变一下应对方式，借用幽默的方式引导孩子反思自己的言行。

5. 利他：简单来说就是通过不求回报的助人行为得到快乐。雷锋就是最好的例子。

明白了心理防御机制的概念，我们就可以着手去管理自己的消极情绪了。注意这里我用的是管理而非消除。我将其一共分为五个步骤。

第一步：注意呼吸。

当我们的情绪开始波动时，慢慢地深深吸气，让吸入的气充满整个肺部，如果能够做腹式呼吸，可以感觉到自己腹部在胀气，然后慢慢地吐气，吐尽后再吸。几个来回之后，你的心率很快就能降低。情绪也会随之重回平静。还可以加上数数，呼吸从 1 数到 10 更有帮助。当你忍不住要对一个记不住动作或者是分不清左右的学生发火的时候，赶紧试试吧！

第二步：认知觉察。

当情绪波动时问问自己：我怎么了？稍等！我出现什么情绪了？然后觉察当下的自己，是什么引起了这些情绪？是事情本身还是对事情的归因方式？

第三步：接纳情绪。

接纳自己当下的情绪。所有负面情绪都是有原因，也有一定价值的。前文中我们已经阐述过消极情绪对我们的保护作用。

人会有各种情绪反应。无论你是博学多才的文人雅士抑或是位高权重的达官贵人，都会有情绪，不要故意回避或者忽视情绪，或者是否定自己的情绪。

第四步：反驳消极思维。

例如，针对"刚才我不该对学生发脾气，觉得自己是个坏老师，不配做老师"；"这样做会毁掉孩子的一生，我真是无药可救了"……那这样的评价就太片面和负面了。

第五步：积极行为。

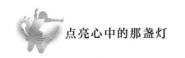
通过这样的自我反驳，你就能清楚地看到错误行动可能引发的后果，然后进而采取积极正面的行动。比如学生回家没有完成规定的动作练习，因为老师的批评惩罚而哭闹反抗。作为老师，我们也很纠结，说还是不说？罚还是不罚？老师是不是也会心情不好觉得很失落导致大家心情都不好。但是不完成练习是学生故意还是有其他原因？什么才是没有练习的最终原因？如果没有原因那是不是习惯？习惯能不能通过你的言传身教、以身作则来改变？我们有没有办法去帮助他们解决困难？主动发现问题，用积极心态解决问题。

当我们对消极情绪有更深的认识时，我们就能接纳它为我们身心的一部分。消极情绪是一种提醒，我们无法消灭负面、消极的情绪，但是可以很好地管理好它，与它和平共处。用"情绪管理五步法"来调整、接纳、控制消极情绪对我们的影响。用积极行为、积极心理让老师在课堂和生活中都更游刃有余地管理自己的负面情绪，更好地做好教学工作，给学生树立积极正面的榜样。

## ▷ 分享

除了我前面提到的科学管理情绪的几种方法，以减少消极情绪，并阻止消极情绪的蔓延，亲测有效提高积极率的另一个方法就是有意识地为自己创造积极情绪。每个人都应该建立属于自己的积极情绪档案袋。

建立积极情绪档案袋，实际上是在做一种深层次的自我研究，你要把你和每一次产生积极情绪之间创造出的有紧密联系的事物和纪念品放到一起，装进一个档案袋。比如：你把过去一周发生的关于喜悦、关于感激、关于爱的东西都装进一个档案袋。

当自己被消极情绪影响的时候，打开这个档案袋，重新审视里面的每一个事物——照片、信件、留言、礼物，或者对你个人有深刻意义的物品等，提醒自己生活有好的、温暖的一面。这个简单的突破，常常能为你再次注入活力，激励你找回通向积极情绪的良性循环道路。

我们可以把积极情绪分为 10 类：喜悦、感激、宁静、兴趣和爱等。档案袋也分为 10 个类别，每个类别是一个袋子，表面贴上标签。为了把这个过程结构化，弗雷德里克森还给出了一些指导。对每一种情绪档案袋的建立，你要先问自己几个问题。以喜悦档案袋为例，你可以想一想：上一次当你觉得安全、轻松和喜悦，让你感觉到真实的高兴的时刻，是在什么时候？当事情完全按照你的心意发展，甚至比你期待的还要好，是在什么时候？当你觉得好玩，想要一跃而入并参与其中，是在什么时候？

　　思考完这些问题，你再去建立这个积极情绪的档案袋，很快你就会发现，原来你一直生活在一个积极情绪的宝库之中，资源如此丰富，这个感觉又会成为促使你创造更多积极情绪的灵感源泉。在使用档案袋的过程中，你要把它看作生活的文献一样，要不断地发展它、更新它；同时你要带着觉知力和开放互动的心态来对待你的档案袋：保持一种放松的、心理上的接触，不要特意分析它。

　　熟悉我的朋友一定知道我有一个坚持了很久的习惯——积极档案中的积极书写形式。每天把发生在身上的一些美好的人、事、物，用文字、照片、视频等方式和积极书写的形式记录下来。然后进行一周一次或者两周一次的档案整理。比起杂乱无章的朋友圈文字，我更愿意用这样一种形式去记录和分享生活中美好的记忆碎片，以便在逆境时能够获得更多积极情绪的力量。

　　生活中的不如意带给了我们消极情绪，创造积极情绪是我们自己的事，它是一种选择，是一种我们必须一次又一次、一天又一天做出的选择。愿我们都能用心享受眼前所拥有的，创造更多积极情绪的闪耀瞬间。做一个既能拥有积极心理造福学生，又能善用积极情绪疗愈自身的老师。

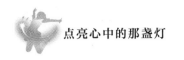

## 02 积极心理学为美育提供新的视角

我认为，一名真正的舞蹈艺术家，他们在道德层面、审美鉴赏层面，以及舞蹈研究上的职业精神等方面必定是有与众不同和出类拔萃之处。

"素质教育"是一个相对广义的概念，它强调的是对学生内在潜能的开发、心理素质的培养和社会文化素养训练三个方面的统合整体发展教育，素质教育强调提高人的素质，同时强调必须是科学的教育方法才能培养出正向的素质，完善人格结构。

舞蹈教育作为美育的一种特别重要也深受国家重视的教育形式，它不仅有助于培养和开发学生的审美鉴赏能力、想象力和创造力，还能提升学生的精神力量和身体素质。舞蹈可以很好地降低和消除学生情绪上的压抑、性格上的拘谨、思想上的固化，并对导致越来越低龄化的心理问题如焦虑症、忧郁症、强迫症、神经衰弱等症状起到很好的调节和干预的作用。因此，我们应把舞蹈教育作为保持人的心理健康、促进人的全面发展的途径，大力推广与实施素质教育。

2022年4月，教育部印发《义务教育课程方案和课程标准（2022年版）》。新修订的义务教育课程明确了义务教育阶段培养目标，其中义务教育艺术课程标准颇为引人注目。新版在改革艺术课程设置方面，我们看到1至7年级以音乐、美术为主线外，融入了舞蹈、戏剧、影视等内容，8至9年级分项选择开设。其中，舞蹈部分我们可从课程内容、分段目标和学业质量三个维度来看，包含表现、创造、欣赏、融合这4类艺术实践和涵盖了舞蹈动作元素、创编舞蹈、风格体系等14项具体学习内容。

从目前内容来看，可能都需要学生有一定的舞蹈基础。所谓的舞蹈基础，前提是对身体基础的训练。毕竟在拥有了经过舞蹈训练的身体，孩子才能进行舞蹈的表现、创造和融合——"先用舞蹈解构，再用舞蹈重构"。

分段目标主要分为3个学段：

第一学段是：1—2年级，学习任务为"形象捕捉与表演"，即通过观察、模仿认识身体各个部位，塑造健康体态，使学生初步认识肢体语言的特点，也就是开发孩子身体的阶段。

第二学段是：3—7年级，学习任务为"小型歌舞剧表演""即兴表演"。主要学习舞蹈基本元素、舞蹈片段、主题即兴等，有条件的地区和学校可在7年级开设舞蹈，学习任务围绕"多舞种体验与舞段编创"展开。

第三学段是：8—9年级，学习任务为"经典作品欣赏与体验""风格舞蹈表演""舞蹈小品编创"。这一阶段，以欣赏引导审美感知，以体验推动艺术表现，以理解激发编排创作，引导学生在独立或合作舞蹈表现中积极表演，并注入提高感受美、欣赏美、表现美、创造美的能力。

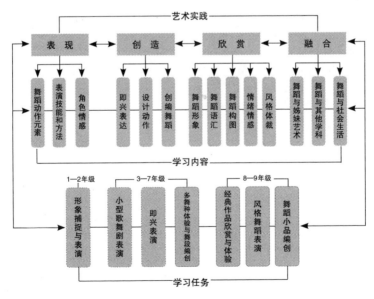

舞蹈学科课程内容框架

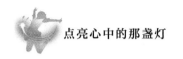

学业质量也就是学生在完成课程阶段性学习之后的成就表现，规定每个学生在每个学段应达到的标准。但是我们知道舞蹈的训练非短期可突击的，需要长期的练习和持续的积累。

值得重视的一点是"融合"的艺术内容实践。我们不仅可以和与舞蹈相关的姐妹学科例如音乐、美术进行常规的结合，也可以在课堂中和学生普及舞蹈与心理学的一个融合成果。

近年来，每所中、小学都在积极响应组建学校心理咨询室，以帮助学生及时排解消极情绪和不稳定因素。积极心理学也为更多的中国教育者、美育教育者的日常课堂教学和学校心理咨询活动提供了一个新的视角。不仅如此，教育工作者也将积极心理学和不同的学科类目进行融合。2022 年，在佛山举办的第七届中国积极心理学大会上，就出现了《积极心理学在艺术教学中的应用》这一分享课题。课题的分享者顾子轩老师虽然只是把积极心理学和绘画的职业留学教育进行融合，但实质上，也为中国的艺术教育和积极心理学有效融合迈出了一大步。此外，还有深圳市龙华区第三外国语学校校长聂细刚和深圳龙华紫金实验学校校长李莹主编的《论语中的积极心理学》，也堪称是中国语文文学与积极心理学的完美结合。这样的例子还有很多。当然，还有你手上正在读的这本——将积极心理学与舞蹈教学相结合的书籍。虽然难免疏误，但也算是为中国的积极心理学和美育教育事业尽一份绵薄之力。

## 03 做孩子美育路上的欣赏者而非控制者

有教育心理学家指出，先要把孩子教成自由人，他才可能成为一个自觉的人。如果孩子的学习时间和计划一直是由家长和老师来掌控，他就不可能发展出属于自己的执行力和计划力。相反，他只会服从，心生叛逆或者无力感。

老师对学生的学习管理从紧到松，表面上是放权，但其背后的教育思路，其实发生了根本的改变。老师要赋予学生足够的信任及自主管理的权利，这会唤起他们内心深处被尊重和自我责任感。

自由的环境也会让孩子催生出自主学习的热情。但是，我也要说，孩子毕竟还是孩子，在自我管理能力尚不健全的情况下，作为家长和老师，要循序渐进地给孩子自由的同时，也要潜移默化地做出引导。否则，很容易让孩子有被忽视的感觉。

分享一下我在舞蹈课堂上的教学经验。

首先，先引导学生自己制定学习时间表。这一步是非常必要的，它能够让孩子对任务一目了然，合理分配和利用时间，找到最适合自己的学习方法。

一般来说，舞蹈课程都是90分钟到120分钟的时长。每一堂课孩子们从热身开始，我就会提醒他们今天要完成哪些任务，如基本功包括哪几项？今天有没有新的基本功内容？舞蹈是哪几项？是复习还是学习新动作？

然后，我让学生自己来决定今天的时间该如何规划。低段班我就让他们规划课间休息是做绘本分享、复习动作还是分享趣事。中段班、高段班我会让他们规划是在休息前把新动作学会，还是安排在休息后；今天新内容怎么安排他们会觉

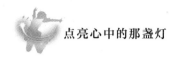
得更合理；要不要留一点时间给他们预习下节课的内容，等等。

这些都由学生来思考并决定。这时，老师已经从控制者的身份过渡到了辅助者。学生们也可以很好地了解、掌握每节课的课程走向，而不是恍恍惚惚地来，恍恍惚惚地走。

其次，让学生分清楚学习任务的主次。如果学生对老师布置的学习任务的重要性分辨不清，就很容易觉得任务太多、太难而产生消极情绪。所以，在老师布置任务和分配课堂时间时，要明确地和同学们说明最重要的是什么，次要任务是什么，完成后再进行什么补充，等等。

当然，当学生觉得自己能够胜任的时候，他的正向情绪自然会十分饱满。这时候，你就会看到这个学生在舞蹈课堂上表现得特别有兴致，特别有干劲。

最后，让孩子自己承担责任。责任感是培养自我管理能力的前提，孩子产生对自己行为负责的意识，才能变得更加自律，合理地约束自己。在他们懒惰、懈怠的时候，更应该让孩子承担后果。"我妈妈的手机没有给我看，所以我没有练习。""我妈妈的手机上面的视频过期了，所以没有练习。"……这样的理由，舞蹈老师都很熟悉了，对不对？

我遇到这种情况的时候，通常都是这样处理的：如果是他们自己决定不完成需要复习的内容，我会耐心地给他们一点时间，并告诉他们："今天的课堂内容本来是要教新动作，但是因为你们没有完成复习任务，只好利用课上时间给你们做复习，你们可以选择自己复习，也可以由我带领你们做。"

有的老师可能会因为教学任务的限制而不断降低教学底线。但我认为，这恰恰是让孩子正视自己责任的关键时刻，这节课的教学任务没有完成，那就叠加到下节课堂，也让学生们清楚双倍的动作内容带来的后果是更费力和辛苦。

请一定相信，没有任何人想要把事情搞砸。

高段班里有的学生一上课就会和我说："周老师，我上个礼拜的作业有点多，舞蹈动作只能临时抱佛脚练习了两次，今天有跳错的地方，请您指正。"老师要知道，我们不可能用统一的标准去对待所有的学生，但如果在一个班级里出现多个自主学习能力强的学生，会带动整个班级的学习态度，学习氛围也会变得更加积极。

我经常把这种放权的教学模式称为"孩子断奶"的过程。这个过程很不容易，但如果你今天不放手，不让他们自己做，又怎能培养他们的自我管理能力呢？让我们一起从控制者慢慢转变身份，去做那个在一旁欣赏他们、静待花开的人吧。

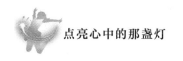 

## 04 舞蹈从业者们心灵的自我成长之旅

"心灵成长"对任何一个舞蹈从业者来说，都是非常重要的。无论是一个舞者，还是一个艺术家，只有通过不断的自我成长，舞蹈表演和教学才能达到自我和谐与人格完善。然而，也只有具备完善人格的人，才能将自己人格中的"真善美"全面地表现出来。京剧表演艺术家梅兰芳先生在日本侵华期间蓄须明志，拒绝为敌人演出，呈现了崇高的民族气节与人格魅力。他平常表现的"真善美"与在舞台上表现的"真善美"是一致的。

舞蹈老师们在课堂上引导孩子的表现力、动作张力和动作标准度的时候，会采用比较夸张的方式，用饱满的情绪去做引导。在舞蹈老师的圈子里有一句话，你要让孩子做到10，你自己就必须先做到100。可以毫不夸张地说，在教学的过程中，舞蹈老师的精神内耗较大。

情绪的反应有时像皮筋一样，拉开之后要有恢复的时间和过程。但是在现实生活中，即便是周末，老师的课程都被安排得很满，比起学校老师来说，机构老师甚至连休息都很少。我自己就是如此。所以，这就非常考验舞蹈老师内在情绪的消化和调节能力。分享一下我自己的方法——要做到足够深入。说深入可能很抽象，其实就是深入教学和深入扮演的过程。什么叫深入扮演呢？我们在舞蹈的课堂中，要进入适合班级的老师的角色。比如，我目前在上高段班，而下节课是低段班，我就要快速地进行适合低段班老师的角色转换。这不是单单从声音、表情和教学内容上进行转换。这只是浅层次的扮演，殊不知，表情扮演只会给自己带来更大的内耗。因为在这个过程中，我们并没有办法像深入扮演那样，体会到扮演角色带给自己的深层反馈，更何况学生肯定能感受到你是敷衍的。

当我们进入更深层次的扮演后，就会释放出相关的力量，精神元也会产生更多的链接，帮助我们投入课堂当中。做到不把上节课的问题和情绪延续到这节课上，迅速调动积极回忆与积极情绪调试自己的状态。多与学生进行沟通和分享，也有助于积极情绪的提升。然后再开始进行动作讲解和教授。

虽然看上去，这比浅层次扮演要困难，还会花费更多的精神和专注度，但是深层次扮演给予身体的反馈是特别明显的，也容易进入积极心理学所说的"心流"状态。

这就是为什么有些老师上完一天课，虽然身体觉得很疲惫，但是精神状态特别好，还会觉得时间过得特别快。而有的老师可能还没上几节课，就会觉得身心疲惫，身体好像被掏空了似的。其实，很可能是他一直没有进入深层次扮演的精神状态，所以他的内耗要比那些深入教学的老师更大。

自我成长之旅，要从接纳自己的优缺点、无条件地爱自己和重视自己的生命价值开始。

后记: 我的心声

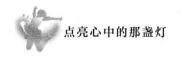

　　总有人不理解，甚至是一些舞蹈界的权威人士也会问我："你作为一名舞蹈老师，为什么如此注重心理学呢？你把学生的基本功教好了，把舞蹈动作都教会了，该考级考级，该演出演出。多培养一些走专业院校的苗子，不就算是成功了吗？"

　　嗯，说得有一定道理。

　　但是，我也反问一个问题："老师在给家长做介绍时都会说，教学体系是多么科学，多么系统，考级教材是多么权威，老师有多么厉害……我们同样会发现，因为各种各样的内在、外在原因，能够坚持到最高层级的学生人数永远都没有低年龄段的学生人数多。人数比例是客观存在的事实。教学体系、考级教材、师资条件，这些传统认知中的艺培三大法宝都无法解决这个问题。不论三大法宝再怎么高精尖，没有人能够坚持到最后，那便成了空谈。个中原因，究竟是什么大家可曾想过？"

　　追根溯源，原因就是"心"字。用"心"做教育，用"专业"做舞蹈。

　　敢问"心"从何而来？应从系统的儿童心理学理论体系中来。"舞"与"心"的结合，正如那句老生常谈："我们美育工作者的首要任务是培养'人'，然后才是培养'人才'。"培养舞蹈苗子，只是舞蹈老师在业务能力上的体现。而培养积极乐观、三观端正的"人"，才是对我们老师作为"美育"这两个字的唯一衡量标准。

　　教育，从不是一件易事。"路漫漫其修远兮，吾将上下而求索。"我们要更专注于寻找并发掘孩子们的优势。

　　我愿成为美育教学与积极心理学相结合的实践先行者。

周岚

2023 年 12 月 16 日

参考文献

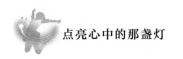
[1] 陶新华 . 教育中的积极心理学 [M]. 上海：华东师范大学出版社，2017.

[2]〔美〕派特·奥·格雷迪 . 积极心理学走进小学课堂 [M]. 北京：中国轻工业出版社，2016.

[3]〔美〕迈克尔·J. 弗朗，里奇·吉尔曼，E. 斯科特·休布纳 . 学校积极心理学手册 [M]. 重庆：西南师范大学出版社，2017.

[4] 平心 . 舞蹈心理学 [M]. 北京：高等教育出版社，2004.

[5] 周岚 . 掌握儿童情绪特征，强化兴趣培养 [J]. 教育科学，2022（6）.

[6] 周岚 . 点亮孩子心里的那盏灯 [J]. 颂雅风，2022（1）.